JN196391

季刊誌66号　2016年4月5日発行

特集

ブラジルの最新エコアクション
森林農業とバイオエネルギー戦略

監修　糸長浩司＋内ヶ崎万蔵（日本大学生物資源科学部）

特集

ブラジルの最新エコアクション

森林農業とバイオエネルギー戦略

監修　糸長浩司＋内ヶ崎万蔵（日本大学生物資源科学部）

巻頭言

サスティナブル・ダイバシティ・ブラジル

糸長浩司

ブラジリアの国立博物館
入り口に続くスロープ

二つのダイバシティ

二○一六年三月時点で、ブラジルの話題に事欠かない。リオ・オリンピックを五か月後に控え、国営石油会社をめぐる現ルセフ大統領、ルーラ前大統領を含む政府関係者の汚職問題が、国民の糾弾行動を活発化させ、国内経済の停滞にジカ熱汚染問題と二重、三重に課題が重なり、オリンピック開催はおろか、ブラジルの前途を心配する声も大きい。

しかし、ブラジルは、二○一四年のＧＤＰが世界七位に位置する経済大国である。中南米では圧倒的な経済的地位にあることは間違いない。鉱業、工業、農業、観光業の多様な分野での経済発展がある一方で、貧富の差、犯罪社会問題、アマゾンを含めた貴重な地球資源・環境問題等が多々あることも事実である。

ブラジルを表現するのに適切な言葉は何かと考える。地球の肺といえるアマゾンを抱え、その空間にはまだ知られない（発見されない）未知なる自然や先住民がある。生物多様性の宝庫であり、未知なる無数の遺伝子の宝庫である。その宝庫を狙う先進国がいることも確かである。ブラジルは赤道をまたぎ熱帯から温帯への広がりと海洋から高原内地への広がりがあり、日本の二二・五倍の広さをもつ大地には、未知なる自然、生物が存在している。ブラジルの森林には、六万種に近い高等植物のほか、哺乳類の多くが生息している。世界の植物種の約二○パーセント、鳥類の二○パーセント、哺乳類の一○パーセントに相当する種が存在し、生物多様性の宝庫である。

ブラジルを表意するのに最も適した言葉は、多様性、ダイバシティである。バイオ・ダイバシティであり、ヒューマン・ダイバシティである。

一五○○年のポルトガル人ペドロ・アルヴァレス・カブラルによるブラジル「発見」を機に、ポルトガルやオランダの植民地支配が始まると、静かな大地にけたたましく西洋文明、近代文明が押し寄せた。そして、サトウキビ生産の労働力として、先住民が奴隷化され、人手が不足するとアフリカから大勢の人々が強制的に連行され、広大な大地の近代的開拓がはじまった。その後、世界各国から移民による開拓が続く。日本人の移民農民の歴史は一○○年を超える。

多様な民族からなるブラジルの人口は現在約二億人で、欧州系四八パーセント、アフリカ系八パーセント、東洋系一・一パーセント、混血四三パーセント、先住民○・

広大なブラジルの国土

アグロフォレストリー（森林多層農業）の森

日本の里山の風景

四パーセントで、宗教は、カトリック六五パーセント、プロテスタント二二パーセント、無宗教八パーセントとなっている（ブラジル地理統計院、二〇一〇年）。ポルトガルによる征服の歴史と、かつては、ポルトガル皇帝がブラジルに疎開遷都していた時代がある。欧州系の比率は高いが、混血が約四割を超える状況は、多様な人類の混交した国ともいえる。多様な血が混ざった、人類の将来を見据えたような国ともいえる。その意味で、ブラジルはヒューマン・ダイバシティの国である。

アグロフォレストリーと里山

筆者は長年パーマカルチャーを研究し、豪州等の世界のパーマカルチャー農場、エコビレッジの現地調査研究を進めてきた。パーマカルチャーのキーワードの中に多重性、重層性があり、また、自然遷移との共生の中での、人間にとっての必要な食料の持続的生産と自然保全の両義性を維持する複合デザインでもある。その多重性のデザインとしてのギャップダイナミックス（「ギャップダイナミックス・シティ」『ビオシティ』三六号、二〇〇七年）を応用した、多重な生産性を上げる手法として、アグロフォレストリー（森林多層農業）がある。これは、「食べられる森」のデザインであり、下層部、中層部、上層部の多層でのバイオマス生産デザインである。下層部で牧畜や野菜生産、中層部での果樹栽培、上層部でのヤシの実や用材となる高木の栽培を行う。日本の里山空間も、低層部でのキノコや山草、中層部での果樹栽培、そして、高層部での高木栽培の複合空間から構成される。

本特集では、日本人移民の町

近代都市計画の実践モデルとして世界的に有名なブラジリア。1987年、世界文化遺産に登録された

「トメアス」におけるアグロフォレストリーの歴史や現在の実践と、マカウバヤシ栽培と畜産とを組み合わせた画期的なアグロフォレストリー試みが紹介されているが、これらは日本の里山空間デザインにも共通する点が多い。トメアスにおける日本人移民によるアマゾンでのアグロフォレストリーの哲学には、日本の里山デザインの哲学が生かされているともいえる。ブラジルの熱帯、亜熱帯の気候において、バイオマスは土壌や低層部よりも、強い太陽光を受け光合成が活発に行われる中高層空間に蓄積される傾向が強い。土壌へのバイオマス量の蓄積は貧弱となる。その点で、より中高層との共存を意識した多層構造のアグロフォレストリーは、重要なサスティナブル・エディブルランドスケープとなる。

ルーバン・ダイバシティ・ブラジリア

近代都市計画の実践モデルとして、世界的に有名な新都市ブラジリアは、ブラジルの長年の夢であった「巨大な国土の中央部に首都を建設する」という夢の姿として、一九六〇年代に具現化された。

ブラジリアは、一九八七年には世界遺産として登録されている。近代都市計画で実現した近代都市が世界遺産として登録されたことは珍しいといえる。人造湖のパラノア湖に向かって飛行機が飛び立つような都市形状であり、機首の空間には国会議事堂、胴体の空間には、他の行政機関、博物館、大聖堂の文化施設が並ぶ。翼空間は居住空間であり、その外の干渉空間にブラジリア大学の教育機関が配置されている。先住民の弓と矢の形状にも見え、荒野の開拓をイメージする。これらのシンボル的な近代都市形状を構成する骨格は自動車道路網であり、歩行者のための都市というより、自動車都市のイメージが強い。

国会議事堂から博物館に至る胴体の中央空間は開放的な広い空間

ブラジリアの国会議事堂　未来的な建築はブラジル人建築家オスカー・ニーマイヤーの設計

であり、芝生の緑と空の青の間の空間に、白いユニークな幾何学的な建築物が並ぶ。その景観は、一種の近代化、あるいは近未来的な都市空間をイメージさせ、近代都市、近代建築の輝く都市（ル・コルビュジエ）時代を象徴する。近代的な科学と技術の力による人工空間の可能性を、非常に明確に示す象徴としても評価された。一方で、ヒューマンスケールを超えた都市空間、周辺のスラムエリアの成長というような負のイメージが強調され、モダニズムシティの失敗例として評価もされてきた。

しかし、現に二五〇万人の人々が暮らし、巨大国家の政治的中心としての機能を果たしていることも事実である。二〇一五年八月の訪問では、国会議事堂前の広場で大統領糾弾のデモ集会を見た。開放的な広場でピクニック気分的な感じでの糾弾集会が開かれていた。非常に開放的な政治行動であり、空の青さと芝の緑の中で人々の輝きをみた。一方で帰国後、日本の国会前の狭い歩道での反安保法制デモに参加し、その暗さと窮屈な政治行動を強いられる日本の後進性も痛感した。

日本の援助による セラード開発

不毛の地（人間利用にとっては不毛であるが、生物多様性の宝庫でもある）と言われたセラードの中央部に列然として林立している、人工都市としての存在性と持続性は、高く評価されなければならない。このブラジリアの「成功」は、単なる近代都市の「成功」として評価されるべきではなく、それを支えた農業・農村の「成功」と不可分であることを認識すべきである。

本特集の主要なテーマのひとつである「セラード開発」と、新都市ブラジリアの樹立は不可分である。「土光大豆」（田中角栄首相時代に経団連会長を務めた土光敏夫のブラジル支援にたいする貢献を表して）とも言われるようになっ

国会議事堂前の広場で行われている大統領汚職糾弾集会（2015年8月）

た日本の協力のもとに、熱帯性大豆の品種改良による世界的大豆産地としての成功や、日系農民の移住開拓などによりセラード開発は進められた。近代都市はその周囲の農村空間の創造と不可分であった。

都市は都市のみで成立せず、周囲の農村（大地の農的開拓・活用空間）の成立との共栄関係にある。翻って日本で考えると、規模は小さいが、江戸期の江戸周囲の新田開発と江戸都市の繁栄の共栄関係、蜜月関係に類似する。

ブラジリアの郊外

かくして、ブラジルに「ルーバン（ルーラル＋アーバン）・ダイバシティ」が創造されたのである。そして今、ブラジリアの都市骨格を走る自動車は、周囲のセラードから生産される、バイオディーゼルやバイオエタノールにより稼働するという、食料だけでなく、自然エネルギーの共栄関係が成立しようとしている。

クリティバの光と影

『ビオシティ』一五号（一九九九年）がいちはやく取り上げた、世界的にも著名な計画的都市であるクリティバを今回訪れた。クリティバ市の都市計画研究所を訪問し、クリティバの都市計画手法や、路線バス環境整備による都市交通と

大聖堂。同じくオスカー・ニーマイヤーの設計。巨大な四人の使徒の像はアルフレッド・セシアッティの作品

ブラジルで盛んなグラフィティアート（クリティバ市内）

日本ブラジル・セラード農業開発計画（Prodecer）、ミナス・ジェライス州パラカツ市、2015年8月撮影

その後の開発整備の意義を再認識した。

都市計画的な成長軸を確定し、それに沿った都市発展デザインとその実行による近代都市空間の構築は、歩行者天国における都市活性化の手法と相まって、良好な都市環境・景観を形成している。ただ、一方で、急激な都市成長がもたらす市街交通の混雑の緩和のために、日本からの提案も受けて地下鉄開発計画の検討が始まっていた。

また、一方で、ブラジル全体にいえることではあるが、スラム問題、貧困・犯罪地域との共存と、緊張関係の中に都市であることも忘れてはならない。クリティバも同様の苦しみと混乱・混沌の中にあるともいえる。都市美化と経済更生施策の両義性のもとに、都市内の廃棄物・ごみを集め、厳しい生計を支える市民やコミュニティの存在も現にあることは事実である。

クリティバ市の賑わい（左上）。公共交通システムで有名な同市の路線バスとチューブ型の停留所。乗客はバス停であらかじめ料金を支払う

多元的バイオエネルギーの挑戦

ブラジルは世界のバイオエネルギーの最先端を走っている。その理念は一九三〇年代から始まる。砂糖生産とバイオエタノール生産の国策的調整の中で、脱石油産業

としてのバイオエタノール産業を確立してきたパニオニア国である。

　一方で、バイオディーゼルの原料である大豆生産と食料競合の課題の中で、本特集でも紹介しているように、セラードの自然の中に自生するマカウバヤシから、バイオディーゼルやバイオ灯油生産に活路を見出そうとしている。アグロフォレストリーの持続可能な仕組みのなかで、環境と共存した多元的価値を生み出す、農業生産システムを確立するチャレンジも始まっている。

　日本大学とのバイオエネルギー関係での共同研究を進めていくビソーザ連邦大学は、ブラジル屈指の大学であり、九一年の歴史をもつ。特に農学部はブラジルの農業発展のための研究拠点ともいえる。ミナス・ジェライス州の、平均気温一四~二六度（摂氏）、年間平均相対湿度八〇パーセントのセラード地帯の内陸に所在し、敷地面積

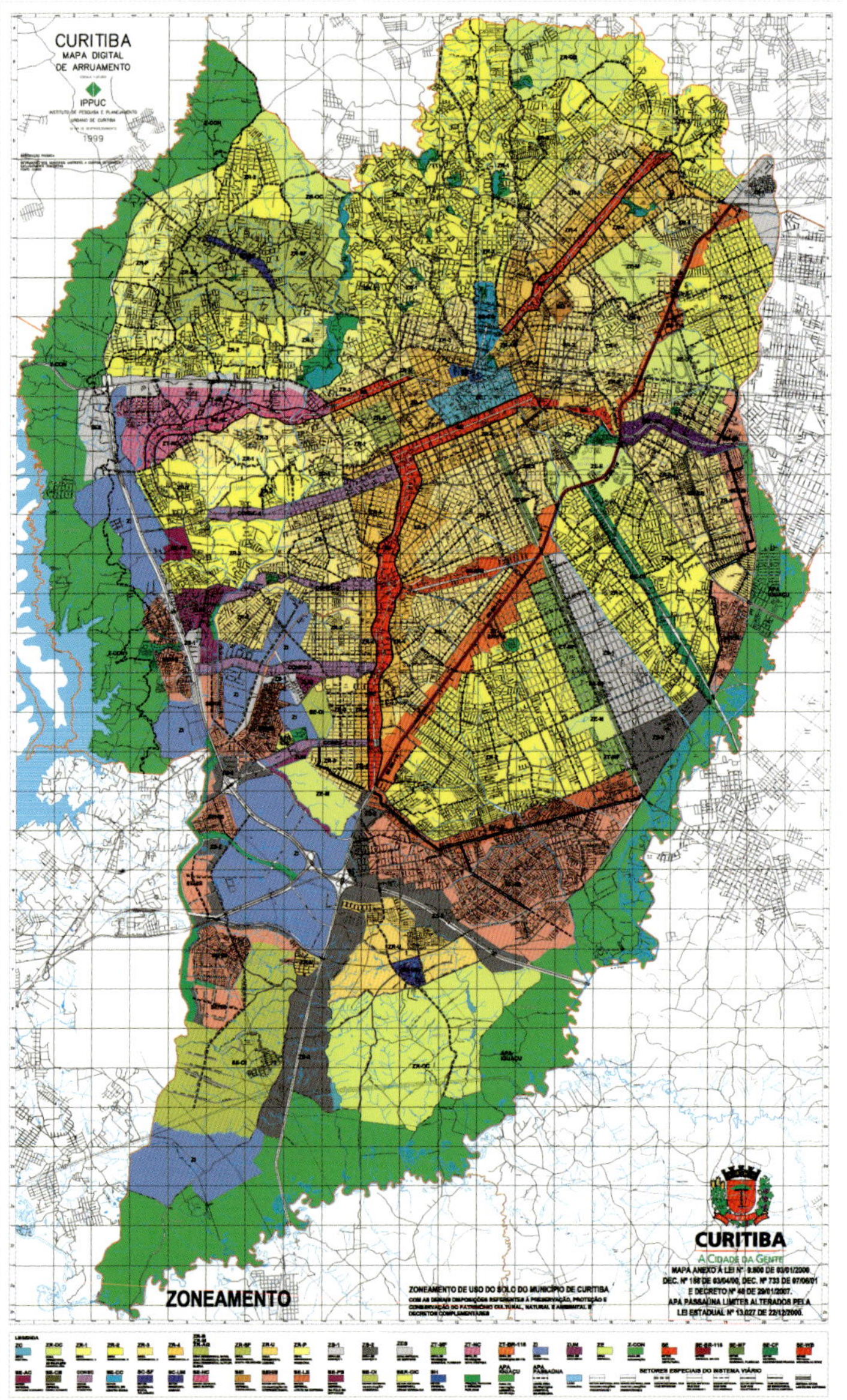

クリティバ市の公共交通網（Curitiba Zoneamento 2000）

クリティバ市内の困窮地区でごみを運搬する人

クリティバ市内の都市河川沿いに立ち並ぶスラム街

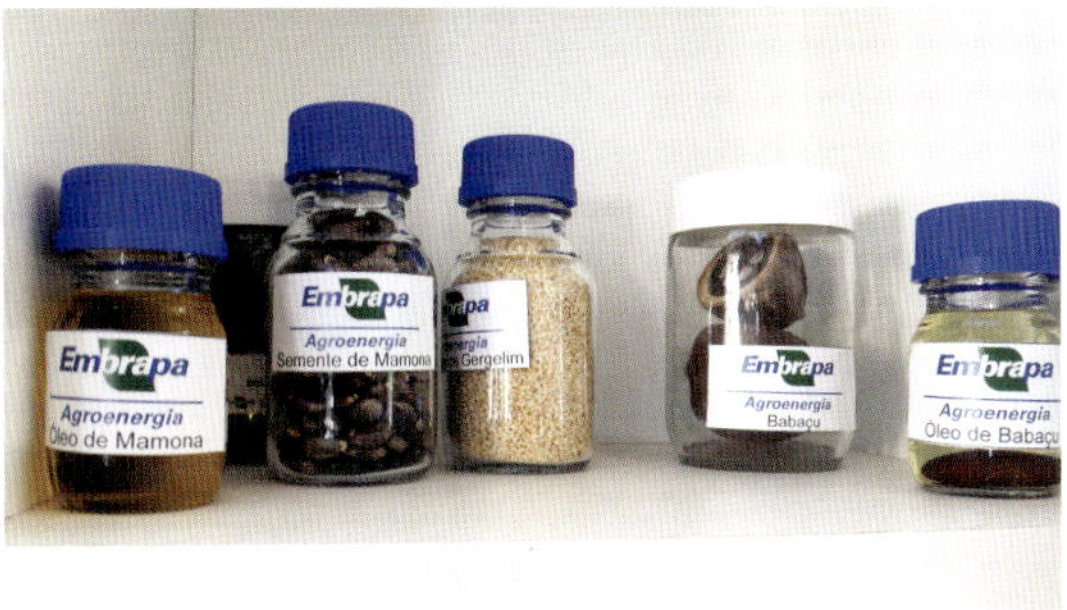

マカウバヤシ栽培と牧畜を組み合わせたアグロフォレストリー（右）と、マカウバヤシとバイオディーゼルの見本（国立農業研究機関エンブラッパ）

は一、四〇〇ヘクタールの広さをもつ。三六〇キロ北西にあるリオ・デ・ジャネイロ市とは、国道で連結されている。大学の近くには、ブラジルの黄金時代を築き、文字通りの黄金産出拠点であったかつての州都であり、世界遺産都市の古都、オウロ・プレット（「黒い黄金」の意味）がある。

ビソーザ連邦大学は、社会と深くつながる大学としての使命を果たすために、農村公開講座を設け、学生の知識の実践的な補充と、科学と社会に貢献できる技術とのシンクロを理念として、健全な社会の発展に寄与する大学として高く評価されている。

大学の行事「農園週間」では、研修・訓練を通して学生と教員が一体となって、継続的にビソーザ地方の零細農・小農および貧しい村落に技術・社会援助を行っている。このような背景のなかで、本特集で紹介する、ビソーザ連邦大学の

オウロ・プレットの反乱記念博物館は18世紀に建てられた旧市会議事堂

ミナス・ジェライス州の歴史的都市オウロ・プレット

研究者による「コミュニティ・エタノールプロジェクト」のような、実践的な技術と社会の協働化も可能となってくる。

ブラジルのバイオエネルギー戦略に学ぶ東北復興シナリオ

筆者は二〇一一年三月一一日の東日本大震災による東京電力福島第一原発事故により、放射能汚染された福島県飯舘村民への支援活動を継続して進めてきている（『ビオシティ』四八号、二〇一一年ほか）。拙速な帰還政策ではなく、安心できる場所での生活拠点、コミュニティ再生を図る、二地域居住システムの重要性を指摘し支援してきている。一方で、帰村を希望し、除染した農地での農業再開を希望する村人もいる。里山汚染実態の中での農業再生には厳しいものがあるが、食料ではないエネルギー作物の生産とそれをコミュニティベースでエネルギー化していくシステムを提案し、実証実験も進めている。

その復興シナリオを進める上で、重要な先駆的試みとして、ブラジルのバイオエネルギー戦略から学ぶことも多い。ブラジルと日本の実践的な研究交流の一環として、放射能被災地でのバイオエネルギーによる復興シナリオの実現の可能性を探りたいと思っている。本特集の意義はこの点にもある。

美しい飯舘村の里山風景（2010年撮影）

本特集は、日本大学生物資源科学部国際地域研究所の平成二七年度海外研究プロジェクト「ブラジルと日本での再生可能エネルギー戦略の比較研究」（代表糸長浩司）での成果の一部を活用している。

マカウバヤシの栽培試験農場（ブラジリアの国立農業研究機関エンブラッパ）

糸長浩司（いとなが・こうじ）

日本大学生物資源科学部教授。環境と共生するあり方について研究し、飯舘村の支援活動などを行う。NPO法人エコロジー・アーキスケープ代表理事。1995年に日本のパーマカルチャー運動を始め、アグロフォレストリー「食べられる森」、エコビレッジの実践的研究を進める。福島の再生農業として、バイオエネルギー生産農業システムを模索し、ブラジルの研究を進めている。

内ヶ崎都留子《熱》2012年、個人蔵
地上と大気の熱交換、その間にあるセラード植生を描いた。
作家は日系三世、ブラジリア国立大学芸術学科講師

筆者が育った果実農園の現在の風景（ブラジリア近郊）

基調論文

ブラジルの バイオエネルギー戦略

内ヶ崎万蔵（うちがさき・まんぞう）
日本大学生物資源科学部准教授。ブラジル生まれ。ビソーザ連邦大学、東京農工大学大学院に学ぶ（農学博士）。バイオ、メカニクス、エレクトロニクスの手法を駆使して、農業の自動化システムの開発（収穫ロボット、精密農業）、バイオエネルギー（微生物燃料電池、微細藻のバイオディーゼル）、ミツバチを活用した環境診断（マイクロGPS）に関する研究などを行っている。

ブラジリア近郊開拓村への移住

筆者は、ドイツ人移民が集中するブラジル南端のリオグランデ・ド・スル州ポルトアレグレで生まれ五歳までその地で育ち、その後、新首都ブラジリアに移住した。両親はブラジリア近郊の日系人開拓農村で小規模な果実農園（約二〇ヘクタール）を営んでいた。筆者の原点はこの地であり、セラード地帯での農業との関わりで青年時代の大半を過ごした。

ブラジリアへ移り住んだ一九七〇年当時は、ちょうどリオ・デ・ジャネイロから首都が新都市ブラジリアに移転した直後でもあり、都市というより、セラード平原の中にコンクリートの近未来建築が立ち並ぶ独特な風景が、今も記憶に残っている。

それから四六年、現在、人口二

タグアチンガ、ブラジリアの衛星都市、2015年8月撮影

六〇万人の大都市となり、新首都としての見事な成長を遂げ、世界遺産にも登録された。ブラジリアは標高一、一〇〇メートルの中央高原に位置し、雨季と乾季の厳しい自然環境の変化に曝されてきたセラードの土壌は、とうてい農業に向くものではなかった。しかし、今日では、セラード地帯から世界に向けて大量の農産物が輸出され、なかでも大豆の生産量は世界二位を占めるに至っている。

日本ブラジル・セラード農業開発計画

セラード農業開発の成功の裏には、一九七五年に始まった日本ブラジル両国政府による共同プロジェクト「日本ブラジル・セラード農業開発計画（Prodecer）」【註1】がある。このプロジェクトを実現するために、両国合併で設立されたのが農業開発会社（CAMPO）である。

その頃、大学進学を控え、進路を考えていた筆者は、日本ブラジル中央協会の元理事・宇佐美錬氏との出会いによって、農学系大学で農業を学ぶことを決めた。宇佐美氏は、当時CAMPOの副社長であり、また、同会社と関係の深いセラード開発計画事業の実施第一人者のパウロ・ロマーノ博士に知遇を得た時期でもあった。両氏からの貴重な助言により、ブラジルの主要な農業系大学である、ビソーザ連邦大学農学部で農業工学科へ進学することになった。そこでの学びのなかで、日本ブラジル共同の農業振興政策のもとに、日本の技術協力を得て、不毛なセラード平原が、大豆をはじめ、その後のブラジル農業を牽引する、農産物の大生産地に生まれ変わる姿を目の当たりにすることができた。

セラード地帯の農業開発は、一九七〇年に開始され、七五年の国立セラード農牧研究所の設立により、農業生産拡大に向けた試験研究が本格的に開始された。八〇年代には、米、大豆などの穀類を中心に、品種改良、栽培面積の拡大により、生産量の飛躍的な増加が図られた。

日本ブラジル・セラード農業開発計画（Prodecer）、ミナス・ジェライス州パラカツ市、2015年8月撮影

ブラジルの耕作可能面積は約二億六千ヘクタールであり、国土面積の約三〇パーセントにあたる。そのうち、一億七千ヘクタールのセラード地帯が含まれており、これはブラジルの農業生産適性地のおよそ六割を占める。いまやセラードは、広大で有益な大地としての価値を有するようになったのである。

しかし、現在セラード地帯で耕作されている農地面積は、約六千万ヘクタールであり、適性農地の四分の一にすぎず、広大な耕作可能地が残されている。今後、ブラジルのセラードは、食料生産だけでなく、バイオエネルギーのためのエネルギー作物の栽培拡大も含め、ブラジル政府の農業開発政策において重要な位置にある。

バイオエタノール政策とフレックス車の普及

ブラジルにおけるバイオエタノ

ール生産と利用の歴史は長く、一九二五年にはエタノール混合ガソリンを使った自動車の走行試験が実施されている。しかし、バイオエタノールがすぐに自動車用の燃料として普及することはなく、海外からの輸入石油に大きく依存するエネルギー政策が長く実施されてきた。

　ところが、一九七〇年代の世界的オイルショックがブラジルを変えた。一九七三年にOPECが原油価格を突然引き上げ、第一次オイルショックが世界中を急襲すると、当時国内石油消費量の約七五パーセントを輸入に頼っていたブラジルは大きな打撃を被り、大胆なエネルギー政策の見直しと転換を迫られた。そして、一九七五年に石油の輸入抑制を目的とするエネルギー転換政策が企画され、「国家アルコール計画」【註2】が実施された。この計画は、輸入に依存するガソリン燃料から国産のバイオエタノール燃料への本格的な転換を目指すものであった。

　その後、二〇〇〇年代に入り原油価格が再び上昇に転じると、バイオエタノール燃料の生産と利用政策が見直されたが、国民は一九九〇年代の苦い経験からアルコール車への切り替えには極めて慎重であった（一九九〇年代初頭に砂糖価格の上昇からサトウキビが砂糖生産に回されたため、燃料用アルコールの供給不足が起こり、エタノール車離れが起こった）。

　その問題の解決の鍵を担ったのは、かつてのアルコール（バイオエタノール）専用車ではなく、ガソリンとエタノールが混合可能なフレックス車の登場であった。フレックス車は、ガソリンとエタノールを任意に混合して使用でき、両者の混合比率により最適な空燃比と点火時期を自動調整して走行することができる。その後、フレックス車の普及率は上昇を続け、二〇一〇年には国内の新車販売台数の八五・六パーセントがフレックス燃料車となった。そして現在ブラジルでは、トヨタやホンダなど日系企業も含む世界の自動車メーカーが、フレックス燃料車の製造と販売に凌ぎを削っている。

　このように、ブラジルにおけるサトウキビを原料とするバイオエタノールの生産と普及を促す、最初のきっかけは一九七五年の「国家アルコール計画」の実施であった。その後、一九九三年にはガソリンへのバイオエタノール混合が国策として義務づけられ、ガソリン一〇〇パーセント燃料の販売はその後なくなった。エタノール一〇〇パーセント燃料でも走行可能なフレックス車の販売が始まった二〇〇三年には、農務省令によりガソリンへのバイオエタノール混合率は二五パーセントに設定されたが、二〇〇六年にはバイオエタノールの混合率が二三パーセントに一度低減し、二〇〇七年には二五パーセントに再び設定された。このような混合率の不安定的な施

製鉄所用の木炭生産のユーカリ植林（ミナス・ジェライス州トレス・マリア）

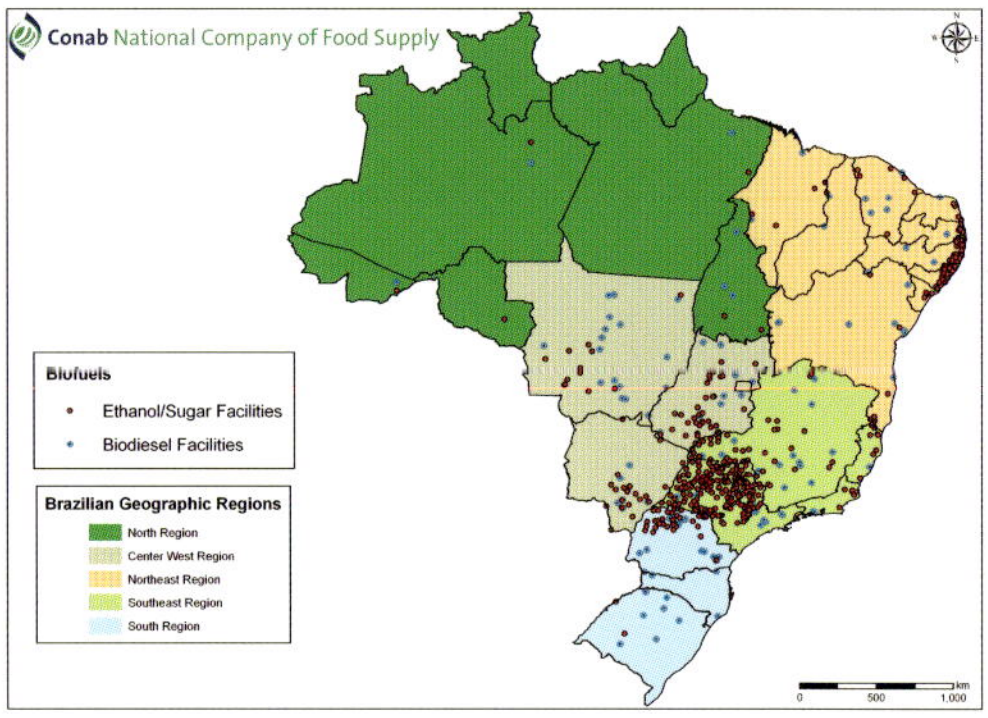

バイオエタノール生産工場の分布図

策は、混合率の効率が不明確であった点が徐々に改善され、今日では二五パーセントに安定してきた。

しかし、二〇一〇年後半における豪雨の影響などでサトウキビの収穫量が減少した結果、バイオエタノール価格が上昇し、二〇一一年にはバイオエタノールの混合率は、一時的に二〇パーセントに引き下げられた。天候によるサトウキビの生産量の変動は、バイオエネルギーの需給関係に影響を及ぼし、混合率は二〇~二五パーセントで推移している。しかし、ガソリンとバイオエタノールの混合燃料の市場導入とその拡大が進み、現在ではバイオエタノール一〇〇パーセントを燃料とするアルコール車の普及も図られてきている。

サトウキビ生産とバイオエタノール生産調整

バイオエタノールの生産量や価格の変動は、その原料となるサトウキビの収穫量による。それは、その年の天候や収穫期（四月から始まり一二月まで）に規定されて変動する。さらに、サトウキビからの砂糖生産量とバイオエタノール生産量とのバランスの上に変動している。

二〇一一年度は、干ばつの影響でサトウキビの収穫量が、七一~七二トン（一ヘクタール当たり）と、平年の約八五トン（同）より大きく減少したため、バイオエタノールの生産量も二二〇億リットルと、前年度の二七四億リットルより約二〇パーセントも減少した。サトウキビからの砂糖の生産量も、二〇一〇年度の三千八〇〇万トンから、二〇一一年度は三千五〇〇万トンに減少した。

この砂糖生産とバイオエタノール生産との競合を解消するために、サトウキビの搾汁液からだけでなく、その搾り滓であるバガスからもエタノールを精製するようになってきた。

図は、ブラジルにおける二〇一〇年のバイオディーゼル・砂糖・バイオエタノール工場の分布図である。ブラジルでは、砂糖を生産する大規模なウジーナ（精糖工場）は、元来北東部の沿岸部に集積していた。ところが、近年のバイオエタノール生産ブームは、ブラジル最大の工業地帯であるサンパウロ州を中心とする南東部から、南部のパラナ州にかけての地帯に、多数のバイオエタノール工場が集積するようになってきた。その結果として、サトウキビ栽培もこれらの地域で急速に栽培面積を拡大してきている。

このようなバイオエタノール生産工場のサンパウロ州を中心とする南東部への偏在に伴い、世界屈指の生産能力を誇るウジーナも南東部に数多く立地するようになってきた。バイオエタノールの生産量は地域的な偏在が大きくなり、国内総生産量の九割が南東部・南部・中西部で生産されるようになっている。なかでもサンパウロ州は、ブラジルでもっともバイオエタノール工場が集中する場所で、とくにチエテ川に沿って燃料工場やサトウキビ畑が増加している。サンパウロ州は名実ともにブラジル砂糖産業の中核となってきている。

バイオ燃料生産と環境問題

バイオ燃料は再生可能なうえに、原料の植物が光合成により二酸化炭素を吸収するため、燃焼させても二酸化炭素は増加しない「カーボンニュートラル」な燃料として期待が高い。

しかし、実際には農地の造成、原料となる農作物の栽培、工場での燃料製造、原料や生産物の輸送など、バイオ燃料が消費者に届くまでの一連の生産・加工・流通のサイクル（サプライチェーン）で見ると、温室効果ガスの排出が十分に抑制されているとは言い難い面もある。

例えばバイオエタノール生産で考えると、以下のような温室効果ガスの排出機会を伴う。

●サトウキビ畑を造成するための

サンパウロ州リベイロン・プレット市のバイオエタノール工場

サンパウロ州に本社を置くバイオエタノールメーカー、コザン社のサトウキビ収穫機

大規模な森林伐採と焼却（焼き畑）

- 石油から生産された化学肥料や農薬類のサトウキビ畑への投与
- サトウキビの収穫作業を容易にするための畑への火入れによる煤煙の大量排出
- 化石燃料ガソリンや軽油で動くトラクターなどの農機具や輸送トラックの利用
- 燃料の製造過程で利用される化石燃料由来の電力使用

原料のサトウキビ栽培から燃料が市場に出荷されるまでサプライチェーンにおける温室効果ガスの排出量は大きく、未だ「カーボンニュートラル」の実現への課題は山積であり、解決すべき課題も大きい。

ブラジルのサトウキビ生産拡大による環境問題として、サトウキビ畑の拡大による森林破壊に関する公式な報告はまだされていない。しかし、サトウキビ価格の高騰により、農家のサトウキビ畑への転作が多く発生してきており、大豆などの食物栽培からサトウキビ栽培に転換する農家は増加の傾向にある。

その結果として、新たに大豆生産や牧畜のための森林伐採と開拓が加速してきている。アマゾン地域における大豆生産地の拡大は、アマゾン地域の森林破壊の大きな要因ともなっている。さらに、大豆を原料とするバイオディーゼルの生産量の増大も、大豆畑の拡大を促し、環境問題の要因ともなってくる。

牛乳協同組合と連携したアルコール生産

ミナス・ジェライス州ビソーザ近郊で実施されている、コミュニティレベルでの小規模アルコール

小型蒸留装置とビソーザ連邦大学の研究グループ

生産の基本的論理は、既存の地域にある牛乳協同組合との連携を通し、本協同組合の持つインフラを活用して実施することにある。ここでいう「論理」とは、遠隔地に分散している小規模な自作農家から牛乳を収集している牛乳収集用タンクが、同時に低発酵されたアルコールも収集するというシステムのことである。この複合システムにより、輸送コストが大幅に削減され、より生産の増加が促される。また、「協同組合のインフラを使用して処理する」という仕組みとは次のようである。牛乳を低温殺菌機で低温加熱する作業では、低温殺菌の機械は一日に数時間しか使用しないため、その空いている時間に、プレ・アルコール（35％）または低水準アルコール（80％）をエタノール（95％）に精留するためにその機械を使用する。さらに、この中核的な生産ユニットは、分配センターとしての機能も果たす。この制度を利用することにより、牛乳協同組合のメンバーは各自が生産したプレ・アルコールを、純度の高いバイオエタノールと交換して直接手に入れることができるメリットがある。これは、ガソリンスタンドでのバイオエタノールの価格よりも安く、協同組合に加盟する農家にとっては、副収入にもなる。

ビソーザ連邦大学のジュアレ博士らの研究グループは、このような小規模エタノール生産の技術的および経済的な実行可能性とその意義について研究を進めてきている。そして、この研究グループ自体が小規模なバイオエタノール生産システムを構築してきた。

蒸留過程の残滓による燃料生産

良質なサトウキビ発酵酒を生産できるかどうかは、いくつかの技術の質によって決まる。例えば、生産プロセスにおいて蒸留による残留分を、プロセスの開始段階と最終段階の両方において分離し、最後の製品の状態で、残留分が残らないようにする必要がある。これらの残留分は蒸留プロセスでは、「ヘッド」と「テール」と呼ばれ、農機具の稼働や、加温や発電用の燃料に利用できるバイオエタノールに変化させることができる。

サトウキビ蒸留酒の生産過程で出る残留物から得られるエタノールの、両方から燃料用エタノールを生産することができる。

ジュアレ博士のバイオエタノール装置のある農場

ビソーザのサトウキビ蒸留酒生産者組合によるカサーシャ（サトウキビの蒸留酒）の残留物から生産されるアルコール燃料の生産的な経済的価値とその実施可能性について、研究がなされてきた。研究の結果、蒸留酒生産者組合の生産過程から出る「ヘッド」と「テール」を原料とした燃料アルコール生産は、利益を十分に生み出す事業となり得ることが明らかとなった。サトウキビ蒸留酒生産の最初の一サイクルから得られる燃料アルコール一リットルの生産コストは約〇・四五ドルで、二番目の一サイクルでは〇・三ドルであった。通常、ガソリンスタンドでは、この種のアルコールは一リットル当たり一ドルで販売されている。

しかし、ブラジルでは、バイオ燃料の商品化は専門の生産業者と販売業者に限定されており、一般市場での販売は難しい。

そこで、生産されたバイオエタノールは、地元のタクシードライバー組合での自動車燃料として消費することの可能性について研究を進めた結果、このシステムは、関連するすべての関係者に利益があることが明らかになった。

フレックスエンジン発電機の実験装置（ビソーザ連邦大学）

コミュニティでの実践と日本の課題

このように、サトウキビ蒸留酒の生産者組合による、蒸留酒生産過程から出る残渣の「ヘッド」と「テール」を有効活用したアルコール燃料生産については、その経済性と実行可能性が立証された。サトウキビ蒸留酒生産というブラジルの国策的産業における、バイオエネルギー生産を含んだゼロエミッションサイクルが、コミュニティレベルで可能であることが明らかとなった。

サトウキビ蒸留酒の生産過程からの残留物を活用し副収入を生み出すことは、生産者にとって複合経営の代替方法として評価できる。また、これらの複合生産コストは組合員間での公平な分配で実現できる。さらに、需要サイドにタクシードライバー組合が参入することで、地域でのバイオエネルギーによる地産地消戦略が確立できることになる。このような、サトウキビ生産を核とした、地域レベル、コミュニティレベルでの蒸留酒＋バイオエタノールの複合生産と消費者グループとの協同化によるシステムは、日本における適用可能性を示している。

日本の場合、このようなシステム普及のネックとなるのは、酒税法の問題やバイオエタノールを自由に使用した燃焼機械の開発と普及の課題である。ブラジルのように、地域でのコミュニティや協同組合単位での自由なバイオエネルギー生産と消費のシステムを、法的にも制度的にも技術的にも可能にしていくことが緊急に求められる。

小型バイオエタノール蒸留装置
（ビソーザ連邦大学のジュアレ博士所有の研究農場）

世界最大の食糧・バイオエネルギー先進国へ

ブラジル政府は、バイオエネルギーと食料との競合問題については、国内の需要を超えた十分な食料生産を行ってきているので心配はないという見解を示している。ブラジルには、まだまだサトウキビの生産可能な土地は十分にあり、かつ、サトウキビ生産量の半分は砂糖生産に回っているといわれている。

二〇一五年、砂糖の値段が二割ほど上昇したが、それは干ばつの影響だといわれている。しかし、今後、需要の急増が予想されるエタノールの大量生産に対応することで、食料との競合が加速され、食料分がバイオエタノールに回される可能性がある。今後のブラジル政府、関係企業が、バイオエネルギー生産と食料競合問題、環境破壊問題に真摯に対応する施策を展開していくことが重要となっている。ブラジルは、この問題解決を進めながら、世界におけるバイオエタノール市場をさらにリードしていく国として期待されていることは間違いない。

ブラジルほど世界的にも豊かな資源に恵まれている国はない。鉄鉱石をはじめとする鉱物資源や石油、そして環境に優しいエネルギー資源として、世界から注目されているサトウキビを原料とするバイオエタノール、さらに食料資源に関しても、大豆、砂糖、コーヒー豆、牛肉、鶏肉、オレンジがいずれも生産量で世界一位ないし二位を占めている。今後世界の人々の生活レベルが上がるにつれて、ますますブラジルは、その供給基地としての重要性を増していく。

環境問題の視点からは、急速なセラード地帯での農業開発、バイオエタノール生産のためのサトウキビ生産にともなう環境への負荷についての配慮が十分でなく、動植物の生態系や土壌環境への悪影響、連作による下層土の圧密化・硬化や新たな病害の発生等の問題が顕在化してきている。

ブラジル政府は、セラード地帯においてのこのような課題を明確に認識し、貴重な天然資源の管理と保全に重点を置き、食料、バイオエネルギーの持続的な生産を可能する農業、地域振興を今後も目指していくことが期待される。

日伯交流の促進
——移民一〇〇周年

国際的な食糧危機に加えて、環境とエネルギーの危機の時代である今、ブラジルに求められるのは持続可能な農業である。そのなかで、セラードおよびアマゾン地域での環境保全のためには、国際的協力が不可欠である。衛星によるアマゾンでの違法伐採と開発への監視システムの確立とあわせて、本特集でも詳細に報告している、日系人によるアグロフォレストリー（森林多層農業）の普及などで日本の果たしていく役割は今後も大きい。

世界的な食のライフスタイルの変更も、地球規模の食料、環境、エネルギー危機の克服のためには不可欠となっている。ブラジルが世界の食糧庫としてより発展・開発していく以前に、食のあり方を変えること、大量なエネルギー消費をする経済、生活スタイルを変えることが、世界および日本に求められている。東京電力福島第一原発事故を教訓に、日本が安全で環境に優しいバイオエネルギー、クリーンエネルギーへの転換を求められるなかで、地球の裏側の大国ブラジルは近年急速な経済成長を進めている。とくにバイオエネルギー分野では世界先進国であり、特に実践的、政策・法制度的な視点では日本を上回る最先端のモデル国である。今後はバイオエネルギー分野における日伯国際交流を展開し、これまで以上に技術開発協力の拡大を進めていくことが必要かつ極めて重要と考える。

註

1 Programa Nipo-brasileiro de Desenvolvimento do Cerrado–Prodecer

2 Pro-Alcool

ブラジル・セラード農業開発と環境保全

溝辺哲男（みぞべ・てつお）
日本大学生物資源科学部准教授。30年以上にわたり中南米とアフリカ地域を中心に日本のODA及び国際機関の開発プロジェクトに従事。2010年より現職。専門は開発途上国における開発プロジェクト計画策定（プランニング）と開発インパクト評価。

世界に先駆けた環境保全型農業開発

「開発と環境」に関する世界会議は「地球サミット」と一般的に呼ばれ、一九七二年のストックホルム会議以来ほぼ一〇年おきに開催されている。最近の地球温暖化に対する関心の高まりもあって、地球サミットでの議論の内容はマスコミを通じて大きく取りあげられ、われわれ日本人にも身近な話題になってきた。

今年オリンピックを控えたブラジルのリオ・デ・ジャネイロにおいても、一九九二年に「環境と開発の統合」を議題にした「リオ・サミット」が開催されている。リオ・サミットでは、環境と開発に関する宣言とこれを実行するための「行動計画（アジェンダ21）」ならびに「森林原則声明」が合意された。これらは、その後の「持続可能な開発に関する世界首脳会議（二〇〇二年）」や「国連持続可能な開発会議リオ＋20（二〇一二年）」、さらには「京都議定書」での決議事項に向けて重要な起点となった。

しかしブラジルでは、このリオ・サミットから遡ること二〇年近く前に「開発と環境保全の調和」を掲げ、日本とブラジル両国が官民を挙げて取り組んだ大規模農業開発プロジェクトがあった。それが「日伯セラード農業開発事業（プロ

バイア州西部地域におけるセラード地帯での綿花栽培　（本稿の写真は全て筆者撮影）

デセール事業）」である。プロデセール事業ではセラード地帯での農業開発に先立って、栽培、土壌、水質、植生に関する基礎調査とともに、植物種保全、動物保護、森林保護等の農業環境保全に関する研究調査を日伯両国政府が五年に亘り実施した。この背景には「持続可能な農業開発は環境保全との調和なしでは成立しない」との考えが開発合意締結の当初から両国間で認識されていたためである。

セラード地帯は、元来、農業に不適な「不毛の大地」と呼ばれ、見向きもされない原野であった。しかし、プロデセール事業を契機に農業開発が進み、現在では世界の一大穀倉地帯へと変貌し、さらなる発展を続けている。

本稿では、セラード地帯における農業開発の推移と、今後のセラード開発を考える上で避けては通れない環境対策上の課題について、プロデセール事業での取り組みを参考に概説する。

セラード農業開発の契機となったプロデセール事業

セラードに関する研究は一九七〇年代初頭からサンパウロ大学の植物学者らによって進められ、次第に農業面での利用価値が認識されるようになった。特に、土壌改良によってその化学性を矯正すれば極めて農業に適していることが判明すると、ブラジル政府はブラジル国農牧業研究公社（EMBRAPA）の一機関として「セラード農業研究所（CPAC）」を設立し、セラード農業開発に着手した。

一九七四年には、日本とブラジル両国政府によってセラード農業開発の合意文書が締結され、日本のODA（政府開発援助）による農業開発調査がJICA（国際協力機構、当時は国

「セラード」とは

セラード（Cerrado）とはポルトガル語で「閉ざされた」という意味であり、熱帯乾燥地に分布するサバンナと類似した植生域の総称である。植生から見たセラードは、一般的に①セラドン（Cerradão）、②セラード（Cerrado）、③カンポ・スージョ（Campo Sujo）、④カンポ・リンポ（Campo Limpo）に分類される。これらの分類は、主に灌木の樹高と植生密度の相違に基づいている。また、土壌は自然養分が著しく少なく、強酸性と高いアルミニウム毒性を特性としている。

このようなセラード地帯はブラジルの中西部地域を中心に分布し、その総面積は2億400万ha（日本の国土面積の約5.5倍）に達する。セラード地帯は標高100m～1,200m、年平均気温は18～23℃、年間降雨量は600～2,000mmの範囲にある。雨期（10月～4月）と乾期（5月～9月）は明確に分かれており、降雨量の80％が雨期に集中している。しかし、降雨量は地域によって異なり、東北伯のカアチンガ（乾燥地帯）とその隣接地域は降雨量が少なく、アマゾン熱帯降雨林の影響を受ける地域では降雨量が多くなっている。

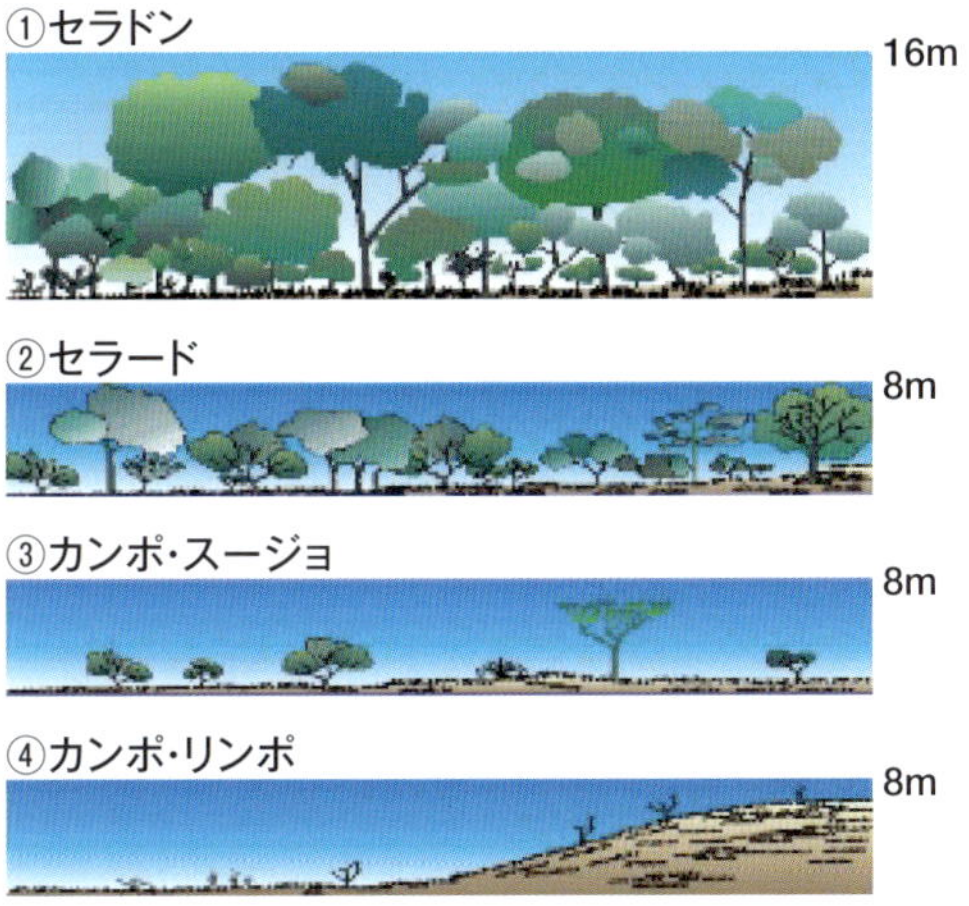

伐採後に整地された農地と農家。セラードの土壌は極度に溶脱の進んだ貧栄養土壌が一般的である。しかし、石灰やリン肥料の投入により土壌矯正可能であることが日本とブラジル両国の調査と研究によって明らかになった。

伐採されたセラード地帯の灌木と農家。セラードの植生はねじ曲がった灌木類が多く、開墾に際してはブルドーザによって灌木をなぎ倒す方法が一般的である。セラードの灌木は抜根・伐開作業が容易なため農地造成コストが低く抑えられた。このことが農地拡大を促す要因の一つにもなった。

際協力事業団）を通じて実施された。同調査には日本から土壌、植生、病害虫、栽培などの研究者のほか、環境専門家が研究調査に参加した。そして一九七九年からは、この農業開発調査の結果を踏まえて「プロデセール事業」を開始したのである。

プロデセール事業は第一期、第二期、第三期に分けて、セラードが分布する八州二一地区を対象に二〇〇一年まで二二年に亘り実施し、この間にセラードの原野三四・五万ヘクタールを農地に転換することに成功した。その後、プロデセール事業の成功を目のあたりにしたブラジル人農家、アメリカ系農企業、さらには多国籍穀物メジャーが次々と開発に乗り出すことになった。その結果二〇一〇年までに、プロデセール事業とは全く別にセラードの原野七千八五〇万ヘクタール（日本の国土面積の二・一倍）が開墾されたのである。

一〇〇〇ヘクタールを超える大規模農業

全くの原野だったセラード地帯は、プロデセール事業開始以来、わずか四〇年間で日本の国土面積の二倍以上が農地へと転用されたことになる。

このように短期間のうちに農業開発がダイナミックに進んだ理由の一つとして、セラード地帯における大規模農業経営方式の導入があげられる。一九七九年に第一期プロデセール事業で入植した一戸当たりの平均所有面積は三〇〇～五〇〇ヘクタールであり、ブラジルの南部地域から入植した多くの農家はその農地規模の大きさに驚いた。

しかし、第一期事業での大規模農業経営の成功とセラードにおける農業ポテンシャルの大きさを実感したその後の新規入植農家は競

セラード地帯における1,000haの綿花栽培農家。セラード地帯の農家ではアグリビジネス産品であるダイズを基幹作物にしている。次いでトウモロコシと綿花が輪作栽培法方式によってダイズの後作として導入される。

って規模拡大を図り、第三期プロデセール事業での一戸当たり平均経営面積は一〇〇〇ヘクタールに達した。現在セラード地帯では、同程度の規模の土地所有農家が一般的に存在するほか一〇万ヘクタール以上の土地所有農家も散見される。ちなみに日本の農家の平均所有面積は一・一ヘクタールであり、日本にいる限り広大なセラード農業を想像することは困難である。

セントラルピポット方式による畑地灌漑。セラード地帯での大規模農業と輪作体系を実現させたのは、セントラルピポット方式による灌漑システムの役割が大きい。灌漑の水源は大部分を地下水に依存している。写真の奥に見えるのは森林法で義務付けられた環境保全対策の一つである涵養林（法定保留地）である。

ダイズが主導するセラードのアグリビジネス

　セラード地帯におけるこのような大規模農業経営は、ブラジルの穀物生産量（ダイズ、トウモロコシ等）を飛躍的に増大させた。プロデセール事業が開始された一九七九年当時のブラジルの穀物生産量は五千万トン前後であったが、二〇一二年には四倍近い一億八千六八六万トンに達した。この間のセラード地帯における農業発展の状況は、非セラード地帯と比較することで理解が容易になる。

　ダイズを例にとると、ブラジル国内のダイズ生産は、一九七〇年代まで非セラード地帯【註1】に位置するパラナ州とリオ・グランデ・ド・スル州の南部地域が九〇パーセント以上を占めていた。他方、同時期のセラード地帯のダイズ生産量は、ブラジル全体の一〇パーセントにも満たない年四五万トン程度に過ぎなかった。しかし図に示すように、セラード地帯におけるダイズ生産量は、一九九〇年に八五〇万トンに達し、プロデセール事業が終了する間際の一九九九年以降からは非セラード地帯の生産量を上回るようになった。二〇一二年のセラード地帯におけるダイズ生産量は四千六三〇万トンであり、非セラード地帯の二・五倍に達している。

　また、二〇一四年のブラジル全体のダイズ生産量は八千三五〇万トンに達しアメリカを抜き世界最大の生産国となった。もし、セラード開発がおこなわれていなければ、ブラジルにおけるダイズ生産は非セラード地帯だけの生産に依存し、現在ほどの生産量はなかったことが容易に想像できる。

　ダイズは付加価値形成力の高さからセラード開発に不可欠な農産物として優先的に導入され、その顕著な生産拡大よって同地帯の農業ポテンシャルの高さを証明した。同時にダイズの増産は、トウモロコシ、綿花、サトウキビ、コーヒ

大規模農業経営には不可欠の大型トラクターとコンバイン

広大なセラードでは農場の各ロット入り口に所有者の農場の位置と距離や連絡先を示す看板が立てられている。

セラード地帯のコーヒーは「セラードコーヒー」のブランド名で生産が増加している。コーヒーの収穫は全て機械化されている。コーヒー園の奥にも保留地（涵養林）が設置されている。

ーなど伝統的なアグリビジネス産品の生産を誘発することにもなった。現在、ブラジルにおける伝統的なアグリビジネス産品の産地は、その多くが非セラード地帯からセラード地帯に移っている。

なお、二〇一二年におけるブラジルのアグリビジネス産品輸出額は九五八億ドルであり、総輸出額（二千四二五億ドル）の四〇パーセントを占めている。アグリビジネス産品のうち最大の輸出品目がダイズ製品（ダイズ粒、ダイズ油、ダイズ粕）でありアグリビジネス産品輸出額の約三〇パーセントに達する。セラードで生産されたダイズの大部分は輸出に回されることで国家経済に多大な貢献を果たしていることになる。

セラード地帯では、ダイズ、トウモロコシなどの穀物を中心とする農産物の増産につれて、農業関連企業（肥料、農薬、農業機械、流通、加工、物流）のほか穀物商社やＩＴ企業まで多様な企業進出が促進された。それに伴い、雇用機会を求めて国内各地から労働者の流入が相次ぎ、人口の急増する市町村が増加した。例えば、写真に示したバイア州西部に位置するルイス・エドアルド・マガリャーナス市では、第二期プロデセール事業の開始時期（一九八五年）に一〇〇〇人程度であった人口が、その後、移住者や農業関連企業の増加につれて一五年後の二〇〇〇年には二〇倍の二万一六九人、二〇一〇年には六万人に達している。

人口と農産物流通量及び企業進出の顕著な増加は、セラード地帯における市町村の住民税や流通税及び消費税（付加価値税）、さらには法人税など税収増加をもたらした。各種税収の増加は市町村の財政を潤し、これによって生活インフラの整備が進み、経済面だけではなく社会面においても多大な開発効果をもたらすことになった。

法定保留地の設定による環境保全への取り組み

プロデセール事業では、農業開

ダイズ、トウモロコシ、ワタなど農産物の積み出しを待つ大型トラックの列

セラード農業開発に伴う市街地の拡大。農業開発の進展は市街地の拡大をもたらした。バイア州西部に位置するルイス・エドアルド・マガリャーナス町はプロデセール事業の開始直後1,000人程度であった人口が、農業関連企業の増加などに連れて、2000年には20,169人に拡大した。

発にともないセラード特有の生態系や環境に影響を与えることを最小限に抑えるためJICAとEMBRAPA（CPAC）が協力して、事業実施前に研究調査を実施している。また、プロデセール事業中に実施された「セラード農業環境保全研究計画（一九九四〜九九年）」と「セラード環境モニタリング調査（一九九二〜二〇〇二年）」では、土壌侵食、水質、植生、昆虫などの関連データの蓄積を通じて、環境保全型農業技術の開発のほか、環境保全上の指標づくりに貢献している。

一方、プロデセール事業地区内における農家レベルでの具体的な環境保全対策としては、ブラジル環境・再生可能天然資源院（IBAMA）が定める森林法に従って、入植農家が取得した農地面積の二〇パーセント以上の森林を残す「法定保留地」が第一期事業で義務づけられた。この法定保留地制度は、プロデセール事業地内における各農場（ロット）において、「個別保留地」と「共同保留地」の形をとりながら実施された。

個別保留地は、パッチワークのように森林地帯が小規模に散在して形成されたが、それに対して、共同保留地（コンドミニアム）は個々の保留地をひとまとめにすることで、森林が大きな単位で残されることになった。このような保留地の形成によって、不法に農地への転換を防ぐこと、また広い生息域を必要とする生物種を保護し、高い生物多様性を保全することに貢献した。

両保留地の多くは、主として農耕地内を流れる水脈に沿ってコリドー（回廊）の形態となっており、水源の保全や生物多様性の維持、

表1　ダイズ生産量の推移

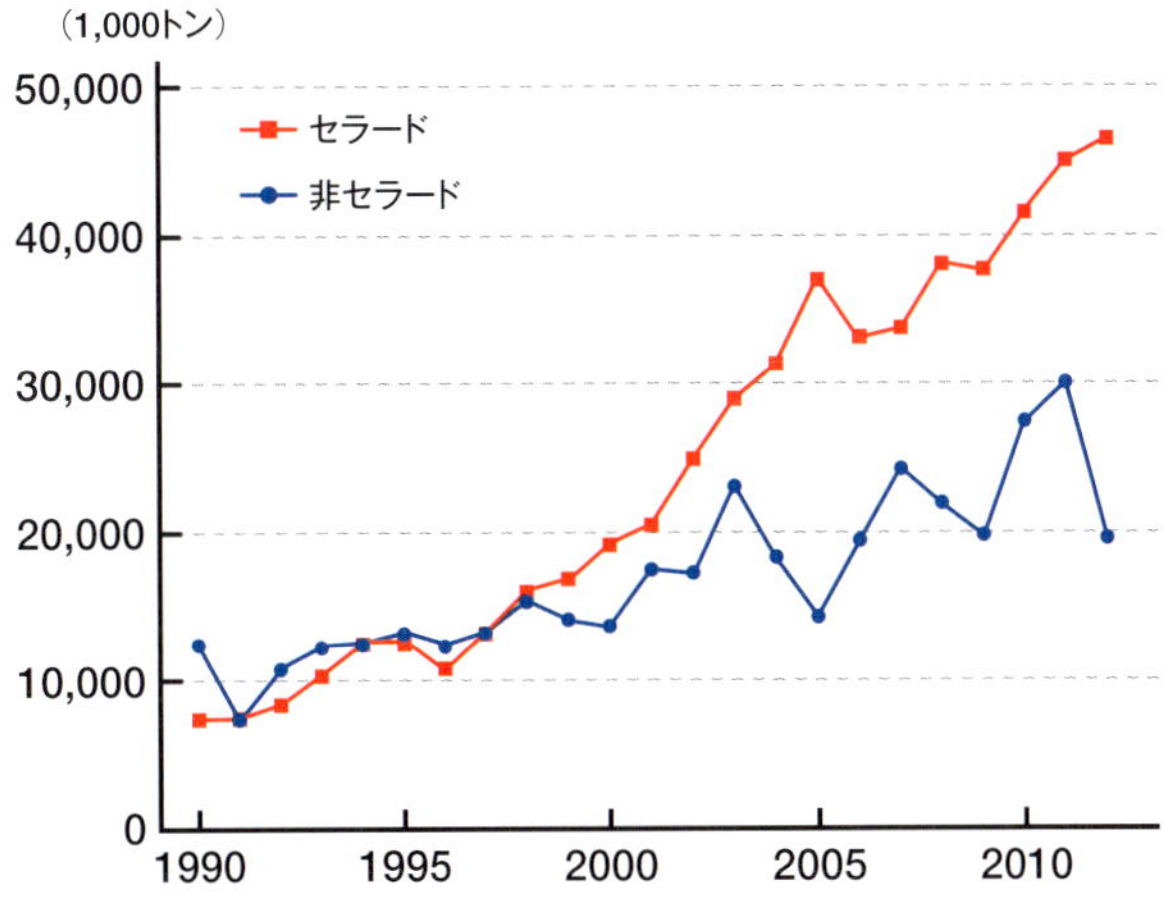

資料：Institute Braileiro de Geografia e Estatistica
(IBGE) を基に作成
http://www.sidra.ibge.gov.br/（2015年12月20日閲覧）

column

生物多様性ホットスポット

「コンサベーション・インターナショナル（CI）」は1987年に創設され、世界30か国以上で生態系保全活動を行うNGOである。本部は米国ワシントンにある。CIは、世界中で25か所の地域を「生物多様性ホットスポット(Hotspots)」として指定している。これは、「動植物の自然生態系の存在が脅かされる地球上で最も注目すべき場所であり、オリジナル植生の少なくとも70%以上が失われた地域」を指す。そのうち特に、植生の90%以上が失われた地域を「特に危機的な状況にあるホットスポット（The hottest of the Hotspots)」としている。

ブラジルでは、セラードがホットスポットに、マタ・アトランチカが「特に危機的な状況にあるホットスポット」にそれぞれ指定されている。ホットスポットに指定される基準は、「その地域固有の種の生存数とその生息地が消失する危機の程度」とされる。

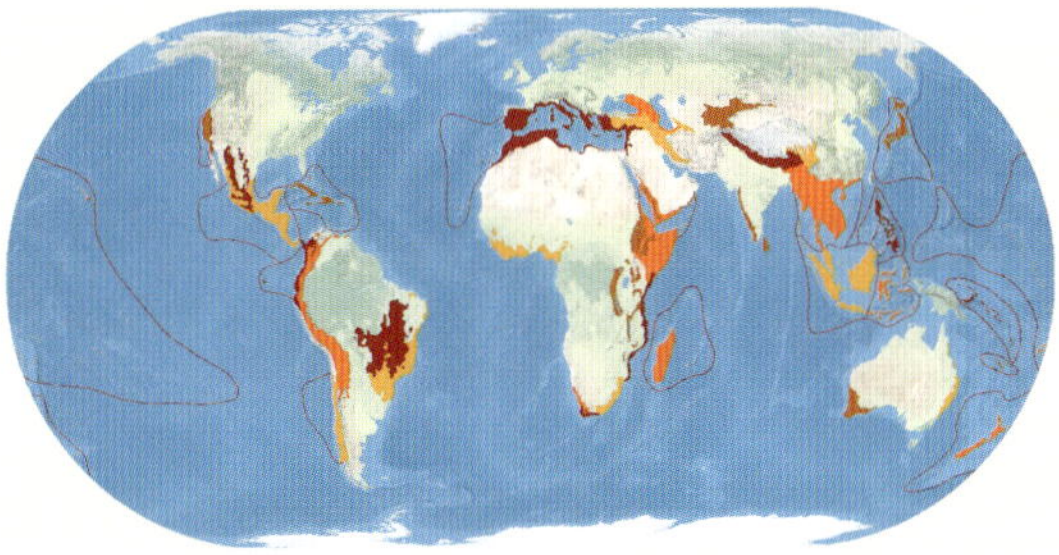

生物多様性保全からみた世界的に重要な地域（ホットスポット）
図版提供：コンサベーション・インターナショナル

プロデセール事業地内にある保留地の自然植生林と湧水地

土壌浸食、水質保全の役割を果たしている。特に水脈沿いの地域は、河畔林や湿地帯が形成され、生物多様性が高い場所であることから、自然植生保全林の保留地として優先的に指定されている。

　また、第三期プロデセール事業地においては、事業対象範囲が「法定アマゾン地域」に一部含まれることもあって、保留地の規模（農地に占める森林面積の比率）を第一期事業時の二・五倍に相当する五〇パーセントに高めた。つまり一〇〇〇ヘクタールの農地を取得しても五〇〇ヘクタールは水源涵養の場として、さらには植物種の保全と動物の生息地域として森林を残さなければならないことになっている。

そのほかの環境保全対策

　プロデセール事業では、環境保全に関する調査研究と保留地制度の導入に加えて、下記のような等高線畝の造成、輪作の導入、不耕起栽培などの対策を積極的に採用した。このような農家の圃場レベルにおける環境保全対策の中核的な役割を担ったのは、各プロデセール事業地区内に設立された農協であった。入植農家を束ねる農協では、農家への技術指導や環境に対する啓蒙活動を実施することで、環境に配慮した持続的な農業開発を組織として対応した。

持続的なセラード開発に向けて

　ブラジルには、北からアマゾン、セラード、カアチンガ、マタ・アトランチカ（アトランティックフォレスト）、パンタナールといういずれも世界的に有名な生物多様性に富む地域が広範囲に分布している。ブラジルでは、植民支配が開始された一六世紀から主にサンパウロ、パラナ、サンタカタリーナの南部諸州及び大西洋沿岸林（マタ・アトランチカ）が最初に開拓され、テラロッシャの肥沃な土壌を使って農業が行われてきた。その結果、現在ではマタ・アトランチカの原生林面積は、全体の僅か七パーセントを残すのみとなった。

　セラード地帯においても広大な原野が農地へと開墾されたことで、同地帯の環境は変化し、現在「生物多様性地域」［コラム参照］に指定される状況となっている。IBAMAは、想定以上の速さで進むセラード地帯の変化に対して、以下のような環境面での懸念を示している。

- 自然植生の破壊による多様な動植物相の減少と変化
- 大規模かつ急激な自然植生伐採・開墾による地域気象の変化
- モノカルチャーによる土壌の劣化や病虫害の発生
- 大量の農薬散布・肥料投入によ

幹線道路沿いに延々と広がる広大な農地。農地には必ず保留地（涵養林）が設置されている。

る土壌及び水質の汚染

- 大規模面積の耕起を起因とした土壌浸食や表土の流出
- 土壌流失による河川への土砂堆積
- 無秩序な灌漑設備の増大による水資源の減少・枯渇
- 輸送回廊として、河川を水路として利用することによる生物相への影響

IBAMAは、これらの懸念に対して「新森林法」の制定を通じて対応を図ろうとしている。この新森林法は、「永久保護区、「使用制限区」、「法定保護区」【註2】を厳格に区別して森林保全を図ろうとする画期的な内容であるほか、「過去の森林伐採地における原植生回復を義務付ける世界に例のない厳しい内容」、「この法律の制定を契機に農業生産者団体と環境保護団体の対立に終止符が打たれる【註3】といわれている。

二〇世紀最後の二〇余年にわたり、日伯両国によって遂行されたプロデセール事業は二一世紀を迎えて終了したが、セラード地帯はさらなる発展を重ねている。新森林法は、今後、セラード地帯における新規農地開発を厳しく取り締まる方向に作用することになろう。セラード地帯で将来に亘って持続的に農業開発を展開するには、世界一厳格といわれる新森林法との折り合いを可能にする新たな環境保全型農業システムの構築が避けては通れない課題である。

しかし現在のセラードは、かつてのように生産農家の圃場レベルだけで環境保全が実現できるような状況ではない。セラード地帯におけるアグリビジネス産品の全てが巨大な価値連鎖システム（バリューチェーン）を形成しており、そこでは川上の生産者、川中における加工企業、川下の流通・物流及び卸・小売企業のほか、種子、肥料、農薬、農業機械等の農業関連産業まで多様な業種や業界が関与している。そして、バリューチェーンを形成するこれら関連企業や組織がセラード各地で「産業集積化（クラスター）」を図りながら、セラード開発のエンジンとなっている実態を認識しておく必要がある。

このため環境保全型農業の構築においては、アグリビジネス関連企業を取り込みながら、バリューチェーンの川上から川下まで広域に亘る相互監視システムの確立（ネットワーク化）が優先的に取り組むべき課題となる。最後に、現在セラード地帯では、衛星リモートセンシングを活用した精密農業やスマート農業が日本以上に推進されており、これら技術開発の動向も今後のセラード農業の行方を占う上で注目すべき視点である。

プロデセール事業における環境保全対策

- 不耕起栽培、直播き、等高線栽培による土壌保全
- 輪作による土壌劣化防止
- 化学肥料に変わる有機物や微生物類（根粒菌など）の導入
- 病害虫に対する生物的防除技術の導入
- 川沿いや小緑地周辺、荒廃地への植林
- 風食による表土流失防止のための防風林設置
- 複数の農薬を混合しての散布厳禁
- 川の水質汚染防止のため農薬希釈への留意
- 雇用農業労働者に対する訓練を通じた環境保全の遵守

註

1 セラード地帯だけを対象とした農業統計データは存在しない。このためセラード地帯の農業生産量は、セラードが分布するMinas Gerais（MG）、Goias（GO）、MatoGrosso（MT）、Mato Grosso do Sul（MS）、Maranhão（MA）、Bahia（BA）、Ceará（CE）、Piauí（PI）、Tocantins（TO）、Rondônia（RO）、Pará（PA）の各州とDistrito Federalの農業統計データを用いている（図2参照）。セラード農牧研究センター（CPAC）においても同様にこれらの州の生産統計データを採用している。

2 永久保護区＝Area de Preservção Permanente-APPs、使用制限区＝Area de Uso Restrito、法定保護区＝Reserva Legal

3 本郷豊「日伯セラード農業開発協力事業の特徴とその評価」『開発学研究』2015年第26巻第2号

最新報告

マカウバヤシによる畜産・バイオエネルギー複合戦略

セルディオ本池 (Sergio Y. Motoike)
ビソーザ連邦大学農学部植物資源学科准教授。ブラジル日系三世。サンパウロ州パラグアス大学、ビソーザ連邦大学大学院、米国イリノイ州立大学大学院に学ぶ（農学博士）。専門は、ブラジルにおける野生植物の商業生産のための品種改良と適応法とに関する研究。

はじめに

バイオ燃料は、環境、社会、経済のすべての持続可能性に配慮して生産されるべきである。エネルギー密度の高い原料を用いた、環境への負荷の低い生産方法がその鍵を握る。マカウバヤシ果実（オレイン酸濃度の高い品種）は、ブラジルのバイオディーゼルとバイオケロシン（灯油）を安定生産する上で、将来有望な品種のひとつである。マカウバヤシからは、一ヘクタールあたり年間四〜六トンの植物油が採取でき、バイオマス固形燃料からケーキなどの食品までさまざまな製品の材料となる。

マカウバヤシは、アグロフォレストリーと呼ばれる農業システムを導入することで、ブラジルの南東および中西部に横たわる三千万ヘクタールもの荒廃牧草地で栽培が可能である。この農業システムでは、マカウバヤシの栽培と牛などの牧畜が同時に行えるため、経済、社会、環境の面において優れた実用的なシステムである。

マカウバヤシと牧畜の二層農業システム。上層のマカウバヤシが牛に快適な環境を与え、下層の牧草は牛の飼料となり、荒廃した土地を回復させる

世界有数のバイオ燃料生産国、ブラジルの課題

二〇一五年にフランスのパリで開催された国連気候変動枠組条約第21回締約国会議（COP21）で、大多数の国によって採択された地球温暖化防止のための「パリ協定」は、低炭素経済への移行を決定づける歴史的な出来事となった。いまやブラジルを含む締約国は、化石燃料を徐々に減らし、新しいエネルギー資源に代替していくことで、エネルギー構成を変革するという大きな宿題を課せられた。

世界的なこのパラダイムシフトは、エタノール、バイオディーゼル、バイオ灯油を含むバイオ燃料の需要を増大させる。この需要増大を満たすためには、バイオ燃料の生産を拡大することが必須である。ブラジルは天然資源に恵まれた国である。世界で最も生物多様性に富む国のひとつであり、耕地面積も最大である。この二点が組み合わさることで、ブラジルはバイオ燃料の世界有数の生産国となる。

しかし、バイオ燃料を、直接的活用（DLUC）にせよ間接的活用（ILUC）にせよ、土地にもたらす変化を最小限に留め、いかにして持続可能な方法で生産するかは、大きな問題である。なぜなら、現在の原料では、ブラジル国内の需要の一部しか満たせないからである。例えば、ブラジルで生産されるバイオディーゼルの八〇パーセント以上は大豆油が原料であるが、ブラジルで生産される大豆すべてをつぎ込んでも、国内で消費されるディーゼル量の一〇パーセントに満たない。しかし、大豆畑の拡張は間接的活用（ILUC）の問題に大きく関わる。従って、新しい効率的なエネルギー作物と環境負荷の低い農業生産システムの開発は、ブラジルのバイオ燃料の持続可能的生産にとって根幹となる。

本稿ではブラジルのバイオ燃料の持続可能な生産を担う新しい作物として、マカウバヤシを紹介したい。

マカウバヤシの果実。サンパウロ市内で見られる野性木（左）と、国立ビソーザ大学の研究施設（ミナス・ジェライス州アラポンガ）で栽培された木

マカウバヤシの果実からできる油脂や加工品。黄色果肉（Pulp）から高濃度オレイン酸、芯（Kernel）からラウリン酸が豊富に採れ、食用のパルプ・ケーキやカーネル・ケーキ、種殻（Seed shell）は炭素含有量の豊富な燃料となる

表1　マカウバヤシの果実の黄色果肉（パルプ）とカーネル（芯）に含まれる脂肪酸組成

脂肪酸	炭素構造	パルプ油	カーネル油
カプリル酸	C 6:0	—	7.7%
カプリン酸	C 10:0	—	4.7%
ラウリン酸	C 12:0	—	57.9%
ミリスチン酸	C 14:0	—	11.0%
パルミチン酸	C 16:0	19.6%	6.0%
ステアリン酸	C 18:0	2.3%	1.6%
アラキジン酸	C 20:0	—	—
飽和脂肪酸　トータル		21.9%	88.9%
パルミトレイン酸	C 16:1	2.7%	—
オレイン酸	C 18:1	61.0%	10.2%
リノール酸	C 18:2	13.3%	—
リノレイン酸	C 18:3	0.7%	—
不飽和脂肪酸　トータル		77.7%	10.2%

マカウバヤシの特性

マカウバヤシは南米の熱帯地方原産のヤシである。この多年生ヤシは、ブラジルで最も一般的な品種のひとつである。土壌の善し悪しにかかわらずどこでも群生し、あらゆる生態系に順応する。なかでもセラードの牧草地に多く見られる。油脂を蓄えた実は大きな房となり、野性のものでも二五キロを超える。プランテーションのもとで適切な栽培をすれば、一ヘクタールあたり一六〜二五トンの果実を収穫できる。マカウバヤシは、果実に含まれる豊富な油脂を活用することによって高い経済効果が期待できる。果実からさまざまな製品や製品原料に加工できるからだ。例えば、果実の黄色果肉（パルプ）から採れる高濃度のオレイン酸、果実の芯（カーネル）から採れる豊富なラウリン酸をはじめ、食材となるパルプケーキや高タンパク質のカーネルケーキ、高密度の内果皮、殻バイオマスなどである【前頁写真】。

マカウバヤシは、年間千ミリ以下の降水量でも育つため（それに比較してアフリカのアブラヤシは年間二千ミリ必要）、乾燥した環境にも適応する。マカウバヤシの脂肪酸組成物【表1】は、アフリカのアブラヤシに匹敵するもので、バイオ燃料、化粧品、油化学などさまざまな産業で、現在普及しているヤシ油に代替可能である。このことから、マカウバヤシは、アフリカのアブラヤシに替わる干ばつに強い作物として見なされ、バイオディーゼルとバイオ灯油を生産するための非食品原料として、主要な資源候補に上げられている。

マカウバヤシと牧畜の二層農業システム

現在ブラジルでは、一億七千二〇〇万ヘクタールにのぼる土地が牧草地として活用されている。何世紀にもわたり、これらの土地が十分に活用されなかった結果、牧草地の荒廃や環境問題、家畜生産性の低下と農家の貧困へとつながった。ブラジル農務省によると、現在三千万ヘクタールの牧草地が荒廃している。こうした荒れ地の回復は、環境、社会、経済の面において、創意工夫を凝らした取り

アフリカ産のアブラヤシ

組みが必要である。

私たちは、荒廃した牧草地におけるマカウバヤシ栽培にその答えがあると考えている。結論から言えば、荒廃した牧草地をマカウバヤシのプランテーションに改造し、実用的な農業システムであるアグロフォレストリーによって、マカウバヤシと牧畜の二層農業（DSPS）を展開することである。

以下に、DSPSを構築する三つの要素を説明する。

①マカウバヤシ（上層の生産物）

マカウバヤシの葉は、林床に大きな影をつくらないため、この農業システムの上層（upper）を構成する要素となる。DSPSがうまく機能するためには、飼料となる牧草の生育に必要な日光が地面に降り注ぐことが重要である。私たちの研究では、牧草の生育を妨げることなく、一ヘクタールあたり三六〇本のマカウバヤシを植えることが可能で、この方法でマカウバヤシも牧草も高い生産性を維持できる。

マカウバヤシがDSPSに果たすもう一つの重要な機能は、荒廃した土地を肥沃な牧草地に戻すレジリエンス力（地力回復力）である。ビソーザ連邦大学で実施された実験では、マカウバヤシを植えた三年後に、その改善された土地に牛を放牧することが可能となった。

②牧草（下層の生産物）

DSPSにおける牧草の役割は、家畜の飼料となることと、土を侵食から保護し、土に含まれる物質や微生物を増やして土壌を肥やすことにある。DSPSで使用する牧草は、木陰でも育ち、繁殖力が旺盛で、荒れた土壌を回復させる力がある品種を選ぶ。ビソーザ大

マカウバヤシの加工・活用について解説する筆者

ビソーザ連邦大学生物環境工学科

バイオエタノールによる発電機試作（ビソーザ連邦大学）

学の実験では、ブラジルで最も一般的な牧草であるイネ科の牧草種「ブラキアリアグラス」が、DSPSに最も適した品種として評価された。マカウバヤシの木蔭が生み出す微気象（光、気温、湿度など）は、ブラキアリアグラスに最適な環境を与える。木蔭は植物表面からの蒸発散を軽減することで、植物を保護し、生育を促すからだ。とりわけ乾期にその効果を発揮する。

③牛（動物の要素）

牧草とマカウバヤシの繁殖競争を調和させるのは牛の放牧である。牛が食むことで、牧草は刈られ、その糞は牧草地全体を肥沃にする。しかし、牛が、DSPSからもっとも恩恵を受けている。荒廃した牧草地を復元することで、飼料となる牧草は繁殖力を増し、栄養価も高くなる。また、マカウバヤシの果実の処理過程で出る、パルプブラン（果肉のふすま）やカーネルブラン（芯のふすま）などの栄養価の高い副産物は、牛の補助飼料として使える。牛を取り巻く環境の改善は、DSPSのもうひとつの利点である。マカウバヤシのつくる木蔭が、熱帯地方の強い日差しをやわらげ、牛に快適な環境を与える。こうしたことが相まって、牛の生産性を向上させる。例えば、牛の出荷までの生育期間は、このような飼料と放牧環境の改善だけで半分に短縮できる。

まとめと今後の展望

マカウバヤシによるDSPSは、バイオ燃料生産によりブラジルの社会や環境の変革に広く貢献することを目指すものである。荒廃した牧草地を復元することは、その

大学の研究施設で栽培されているマカウバヤシ

土地が社会に貢献できる機会を取り戻すことである。また、伝統的な農業と畜産によってもたらされる環境への直接的、間接的な負荷の軽減に寄与し、土地活用と天然資源の関係をより最適なものにする。DSPSを適応すべき三千万ヘクタールもの荒廃した牧草地がブラジルにはある（農務省、二〇一六年）。それは一年で一億二千万トンの植物油、一億二千万トンのカーネルシェルのバイオマス、九千万トンのハスク（殻）のバイオマス、四千五〇〇万トンの食用パルプブラン、そして三〇パーセントの高タンパク質の食用カーネルブラン二千一〇〇万トンを生産できる規模である。

ヤシの滋味豊富な実が落ちて土の養分となり、生物多様性を生み出す

大学内に新設されたバイオエネルギー開発研究所

牛などの家畜の糞はもうひとつの大きな環境問題である。ブラジルは、二億九〇〇万頭の牛という、温室効果ガスの排出に大きく関わる世界最大の家畜群を抱えている。DSPSは、牛による温室ガス排出量の軽減にも寄与できる。DSPSによる牛の出荷までの生育期間の短縮は、牛の温室ガス排出量を半減できると見込まれる。また、マカウバヤシには、大量の有機炭素を蓄える可能性があり、もうひとつの地球温暖化対策への恩恵が期待できる。

　このように、マカウバヤシは、ブラジルの経済、環境、社会にとって前途有望な作物である。マカウバヤシの生産ネットワークの開発が、投資家、社会事業、そして自然環境事業にとって大きな経済機会を創出する。さらに、それは科学者にも重要な研究課題を提供するものである。

（原文は英語）

世界が注目するブラジルのアグロフォレストリー

林 建佑（はやし・けんすけ）
トメアス文化農業振興協会理事。京都大学在学中に日本ブラジル交流協会生としてエイダイ・ド・ブラジル（ベレン）で研修し、トメアスのアグロフォレストリーに出会う。特定非営利活動法人野生生物を調査研究する会でJICA草の根支援事業（支援型）「アマゾン自然学校プロジェクト」のプロジェクトマネージャーを務めたのち、環境関係の財団法人勤務、外務省専門調査員（在リオ日本国総領事館配置）を経て、フルッタフルッタ社に入社。2014年より現職に就任。

はじめに

アグロフォレストリー（森林農法）は持続的に農業や林業を行うことができるシステムとして広く知られるようになってきているが、ブラジル国内では既に森林が伐採されてしまった土地における林地・森林被覆の回復等の環境面の効果だけではなく、社会的な観点からも注目が高まっている。それは大規模機械化農業が資本集約的であるのに対し、アグロフォレストリーは労働集約的であることなどから小規模農家への適性が高く、小規模農家の生計向上にもつながるということによる。

本稿では、アグロフォレストリーの特徴について述べ、アマゾン地域の日本人移住地トメアスにおいて日系人が独自に開発・実践してきたアグロフォレストリーに焦点を当てつつ、ブラジル政府がアグロフォレストリーを組み込んでいるプログラムについても簡潔に紹介する。

アグロフォレストリーの定義

アグロフォレストリーは一九六〇年頃から次第にその名称や概念が提唱されるようになり、特に一九七〇年代から八〇年代にかけて学術的な議論・研究が活発化してきたシステムであるが、この名前がつけられる以前から世界中で広く行われてきた農林業システムであり、年間に降り注ぐ太陽エネルギーの多さから熱帯において特に有効な手法である。

その定義については、アグロフォレストリーが多様なシステムで

植栽2年目程度のアグロフォレストリー。カカオ、パッションフルーツ、マホガニーの混植
（本稿の写真はすべて著者撮影）

あることから、研究が盛んになった当初、広義なものから狭義なものまで多くの定義が提唱され、アグロフォレストリーはその言葉を使う人の数だけ定義があるとさえ揶揄されることもあったが、最も基礎的な定義と思われるものを表に挙げた。

これらの定義においても一部言及されているが、アグロフォレストリーによって期待される効果として、生産者の収入を向上させる土地生産性の向上以外に、有機物の増加による栄養循環・物質循環、動物相・微生物相の多様化（複雑化）による生物防除機能や受粉媒介昆虫の増加、植物や有機物で土壌が被覆されるために土壌流亡が軽減されることで土壌肥沃度が維持され、水循環の改善が期待されることに加えて、主に木質多年生植物への炭素固定機能など、多くの環境サービス効果が挙げられる。

特に、温帯と異なり、熱帯においては一年を通して気温が高いために有機物の分解が早く、植物がこれをすぐに利用する（物質循環速度が速い）ことから、土壌に有機物が多く蓄積しないのが一般的である。従って、有機物中に多く存在する炭素は地中部（土壌を含む）よりも地上部のバイオマスに多く蓄積されるのが通常で、木質多年生植物を利用するアグロフォレストリーは炭素固定機能が期待されることとなる。これにより、荒廃地の回復、森林被覆の再構成と維持に寄与できるとされている。

世界の中で見られるアグロフォレストリーについては、ホームガ

植栽後20年以上のアグロフォレストリー。パラゴム（高木）とクプアスの混植

植栽後10年程度のアグロフォレストリー。マホガニー、ココヤシ、カカオの混植

植栽後10年程度のアグロフォレストリー（チーク、マホガニー、アサイー、カカオの混植） 筆者撮影

ーデンのような自給的な要素が強い事例や、アレークロッピングや東南アジアで見られる農作物を間作する造林法のような最終的に単一林となる事例を目にすることが多いが、アマゾン東部に位置するトメアスのアグロフォレストリーは商品作物を多く取り入れて商業的要素が非常に強い形で実践されつつも、常に複数の作物・樹種が混在している場合が多いという点で特徴的であり、現地では「トメアス式アグロフォレストリー」【註1】と呼んでいる。

アグロフォレストリー（Agroforestry）の基礎的な定義例

アグロフォレストリーとは、同一の土地で、樹木と作物（樹木作物を含む）、あるいは、家畜を、同時に（あるいは異時的に・交代で）組み合わせることによって、土地当たりの総生産量を増加させる持続的土地利用システム

King, K.F.S.（1979）

アグロフォレストリーとは農作物や家畜が育成される同一の土地管理ユニットにおいて空間的・時間的に木質多年生植物（高木、低木、ヤシ、タケなど）が意図的に使用される土地利用及び技術の総称である。そこには異なった構成要素間に、生態的又は経済的な相互関係が存在する

Lundgren, B.O. & J. B. Raintree（1982）

a）永年作物（樹木）と草本作物を家畜がいるいないにかかわらず、帯状（zonally）に、あるいは、時間的に交互に（sequentially）組み合わせて栽培し、b）農業や林業だけの単独よりも、より大きな利益を得る土地利用システムで、それにより土壌肥沃度の維持、土壌保全、作物の不作の危険性の回避、病害虫防除、管理の省力、その成果としての収量の増加など、地域住民の社会・経済的要求に対し、より大きな達成ができるもの

Cannell, M.G. R.（1982）

トメアス式における二つの混植タイプ

トメアス式では一般的に、短期、中期、長期の作物を組合せて混植をしている。短期の作物は植えない場合もあるが、その種類はコメやトウモロコシ以外に緑肥やマルチのためのマメ科植物などもある。中期作物はパッションフルーツやコショウといったつる植物、二〜三メートルに育つ多年生草本（バナナ、キャッサバなど）で主に二〜三年程度の寿命のものが多い。長期作物は、カカオやアサイー他、各種の果樹や高木樹種ではマホガニー、ブラジルナッツ、アンジローバ（アマゾン地域在来の薬用油が採れるセンダン科の樹木）、タペレバ(アマゾン地域在来の果樹)などがある。これらの組合せによって農地（区画）の中には二〜五種類の作物及び樹種が混植されており、各農家において農場全体で五〜一〇種類程度の作物及び樹種を植栽している。ただし、作物によっては農地（区画）単位では最終的に一種類となるものもあるため、農地（区画）単位で見ると、大きく以下の二種類に分けられる。

一時的混植タイプ

太陽光を好むアセロラのように単一栽培が適する作物栽培において、その作物が植栽初期で小さい期間、空き空間を利用する形でコメ、トウモロコシやスイカ等の一年生作目や数年で寿命を迎えるコショウやパッションフルーツなどの中期作物が栽培される混植方法。通常植栽後三〜五年程度が二〜三種の混植状態で、それ以降は単一品目の農地となる。

長期的混植タイプ

植栽初期は三〜五種の作物があるが、次第に二〜三種類の作物及び樹種が残るタイプ。混植のものとして残るのはカカオやクプアス（カカオと同属の果樹）、アサイーなどである。このタイプの植付け方は、カカオと庇陰樹の組み合わ

せとして最も一般的に見られる。カカオの庇陰樹には、様々な樹種が植えられている。

　これらの混植は、植栽を始めた数年間は栽培作物の数が多い傾向にあるが、これは作物が小さい時には光が当たりやすいために、短期作物と中・長期作物が同時に植えられるためであり、三年ほどするとパッションフルーツやバナナ等の中期作物は農地（区画）からなくなり、コショウやアサイヤシ、カカオなどが残るという風である。高木・用材樹種に関しては、全体の作物及び樹種の種類数の割合から見ると豊富な種類を植えているように見えるが、実際には一つの農地（区画）の中での植付け間隔は一五～二〇メートル間隔という場合もあり、本数は他の作物に比べ非常に少ない。

　そして、農場全体では、これらの組合せの異なる複数の農地（区画）を管理しており、以下の模式図に示すようにモザイク状の農場となっている。なお、農場内の作物の種類・組合せについては、金額の大小はあるものの一年を通して収入が得られる（販売できる収穫物がある）ように工夫されており、農業の季節性による収入時期の偏在という営農課題にも対応している。

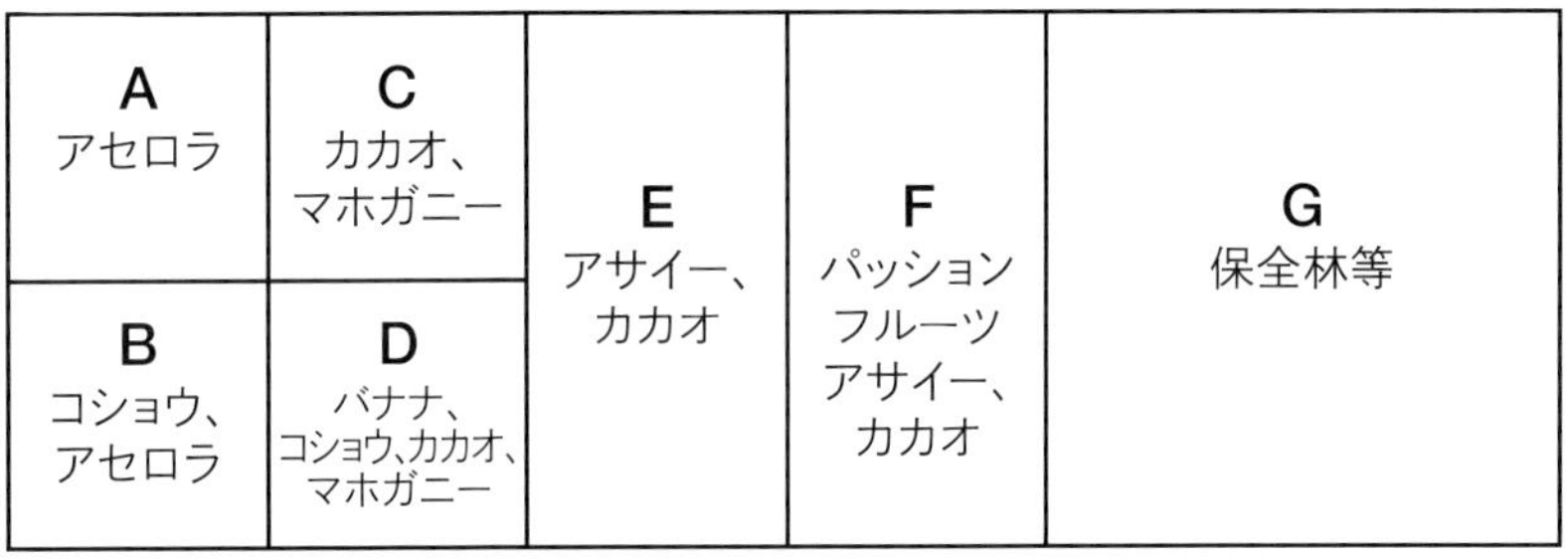

図1　農場模式図

　この模式図の植付けの場合、この時点ではAとB、CとD、EとFはそれぞれ別々の組合せを持つ畑になるが、Bに植わっているコショウ、Dに植わっているバナナ、コショウ、Fに植わっているパッションフルーツは数年後には枯死してしまい、この後、それぞれの農地（区画）に他の作物又は樹種を追加で植栽しなければ、それぞれBはA（アセロラ）、DはC（カカオ、マホガニー）、FはE（アサイー、カカオ）と同じ組合せになる。

トメアスと日本人入植の歴史

　トメアスはブラジル北部のパラ州に位置し、アマゾンで日本人が最初に入植した地域である。一九二九年九月に最初の日本人移民一八九名が到着してから一九三六年までの間に、総勢約二千人【註2】の日本人が戦前移民として入植した（戦後移民は一九五三年八月から再開）。

　トメアスへの日本人移住はカカオ栽培を目的に始められたものであったが、カカオの栽培技術が不十分であったためにカカオ栽培は失敗に終わった。カカオに替わる永年作物を模索するなか、コショウの生産量が次第に多くなり、移民が作った組合（現トメアス総合農業協同組合、以下「トメアス農協」）の主要産品に一九四〇年代後半からコショウが入るようになった。そして、一九五〇年代には世界的にコショウの需要が高まって価格が高騰し、コショウは「黒いダイヤ」と呼ばれ、コショウ景気に沸いたのであった。

　しかし、コショウの栽培で大成功を収めたトメアスであったが、一九六〇年代後半にフザリウム菌によるコショウの根腐れ病が一部地域で散見されるようになり、この病害が次第にトメアス全体に蔓延するようになった。さらに、一九七四年に起こった水害によってトメアスのコショウは壊滅状態となった。この時、コショウに替わる永年作物を探すと同時に短期収入を得られる作物として、メロン、パパイヤ、パッションフルーツなどを栽培して経済的危機をしのいだ。

モノカルチャーの脆弱性を目の当たりにした日系農家は、複数の作物を栽培して営農の多角化を図っていく。この時、カカオ栽培に取り組み始める農家も現れ、カカオは庇陰樹と共に植えられることもあり、また、周辺地域で家の周囲（庭）に様々な果樹が混植されている様子から熱帯林の多様性に倣い、一つの農地に複数の作物を混植する方法を率先して実践する農家が現れた。

これらの農家がトメアス式アグロフォレストリーのパイオニアであり、一九七〇年代には、まだごく一部の農家がこの方法を実践するに留まっていたが、その後、一九八〇年代、九〇年代に次第にこの混植方法が普及していくこととなり、今ではトメアス農協の組合員のほとんどがアグロフォレスト

植栽後20年以上のアグロフォレストリー。アンジローバ（高木）とカカオの混植

植栽後30年以上のアグロフォレストリー。ブラジルナッツ（高木）とカカオの混植

植栽後2年のアグロフォレストリー。マホガニー、コショウ、カカオ、熱帯クズの混植

植栽1年目のアグロフォレストリー。コショウ、カカオ、アサイーの混植。コショウが大きくなってからカカオとアサイーを植栽したもの

アブラヤシ混植試験。アブラヤシ、コショウ、アサイー、カカオの混植。アブラヤシが大きくなってからコショウ、カカオ、アサイーを植栽したもの

リーを実践している。

ここで特筆しておくべきは、一九八七年に国際協力事業団（現・JICA）の支援を受けてジュース工場が建設され、稼働を始めたことであろう。これによって、果樹栽培生産物の販売先が確保されることとなり、トメアスにおけるアグロフォレストリーの拡大に寄与した。そして、一九九〇年代にはアセロラブームでアセロラが盛んに栽培されるようになったり、クプアスも価格がよかったことから非常によく植えられるようになった。さらには、チークやパリカ（アマゾン地域在来のマメ科樹種）といった用材として利用される樹種についても植栽ブームがあり、これらの各種作物の植栽ブームがトメアス式アグロフォレストリーの多様性を生み出す要因となった。

一方、その中で、作物同士の相性や植栽間隔など、うまくいった組合せとそうでないものとがあり、これらの試行錯誤の結果から、現在では、次第にカカオとアサイーを中長期の基幹作物として、コショウ、パッションフルーツなどの短期作物とマホガニー、ブラジルナッツ、アンジローバ、タペレバ等の高木樹種を組み合わせる方法に収斂しつつある。

コショウ栽培から混植へ

以上が時系列でみた発展の経緯であるが、トメアスのアグロフォレストリーは、コショウ園の跡地を利用して、カカオを初めとする長期作物を導入することによって生まれてきたと言っても過言ではない。コショウを単作で栽培していた時代には、コショウ園を開くために天然林または二次林を伐開して山焼きをして、コショウを植付け、コショウが収穫できなくなるとその土地は放棄されて二次林化していくというサイクルであった。ところが、こ

緑の募金の支援によりトメアス農協の指導で小農家の生産者協会に設置された苗畑

のコショウの寿命が短くなり、その開墾労力が重荷になり始め、そこに他の作物を植付けることで、新たな開墾の労力を省き、同時に新たな収入を継続的に得られるような形へと変化させていった。

また、様々な樹種を混植することに関しては、トメアスにおいてアグロフォレストリー自体がもともと確立された技術として導入されたわけではなく、またその考え方についても農業経営の中での挑戦という位置づけであったために、収入の安定を模索し、お互いに農家の間で情報交換をしながら試行錯誤を続けていったことが、多様性を増したもう一つの要因であると考えられる。

さらに、農場がモザイク状になっていることについては、資本集約型のモノカルチャーと異なり、毎年の新植面積が比較的小さいために、植物の組み合わせや、林齢の異なる区画が増えている。

このような展開は、単作による危機からの回避策として、カカオ栽培を核とした多角的経営手法を選んだことで自然発生的に生じてきたという一面もあるが、最近では、灌水を導入する事例も増えてきており、作業効率を考えた植付間隔など、近代化を進めながらのベストミックスが今なお模索されている。

多様なパートナーシップと社会活動

このようなトメアス日系人によるユニークな取組はブラジル国内外から注目されるようになっている。これまでモノカルチャーでしか生産されてこなかったアブラヤシを、アグロフォレストリーで生産する技術開発、環境効果調査及び事業性評価を、ブラジルの大手化粧品会社がトメアス農協と共同で実施し、一定の成果を挙げている。

また、技術普及としてはJICAによる南米各国への普及を目的とした第三国研修などへの協力に加えて、非日系の主に小農家に対して、アグロフォレストリーの技術指導・普及を実施している。緑の募金の支援によって、生産者協会へ苗畑を設置するとともに苗づくりやアグロフォレストリーの技術指導を行う活動から始まり、大手アルミ会社とのパートナーシップでトメアス周辺地域への指導・普及についてもトメアス農協、トメアス文化農業振興協会と協同で実施している。

また、この文化協会が主体となって、トメアス農協などの協力者と共に、主に小農家を対象としたアグロフォレストリーワークショップを二〇一〇年より毎年開催しており、技術指導を受けている小農家たちの交流の場、学びの場、成長の場として大いに好評を得ている。

このような社会活動もあり、二〇一〇年にはブラジルの国家統合省による地域発展国家表彰を受賞したのを皮切りに様々な表彰を受けており、持続可能な社会づくりのモデルケースとして、ますます注目を集めている。

政府の取り組み

最後に、ブラジル政府がアグロフォレストリーを取り入れているプログラムについて簡単に言及したい。

ブラジル農牧供給省が二〇一〇年に低炭素農業プログラムを発表し、七つある個別プログラムの一つとして、アグロフォレストリーは農林畜産複合システム【註3】の文脈の一つとなっている。厳密には、アグロフォレストリーとして区分していることから、農林畜産複合システムは国際連合食糧農業機関（FAO）でも取り上げられている耕畜複合システム【註4】を指しているとも考えられるが、農林畜産複合システムは「同一の土地において、混植、遷移もしくは輪作によって森林、牧畜、農業活動を統合する持続的な生産戦略であり、農業生態の構成要素間のシナジー効果を模索するものである」とされ、森林も含まれることになっている。アグロフォレストリーは「同一の管理ユニットにおいて、空間及び時間的なアレンジによって、多年生木質植物が草本植物、低木、樹木、農作物及び牧草と共に管理され、それらの構成要素間の相互作用及び種の高い多様性を持つ土地利用・占有システム」とされている。

この低炭素農業プログラムでは、二〇一〇年から二〇二〇年までの目標として、農林畜産複合システム及びアグロフォレストリーの合計で四〇〇万ヘクタールの増加を目指し、これにより温室効果ガス排出量は二酸化炭素相当一、八〇〇〜二、二〇〇万トン【註5】のミチゲーション効果が期待できると試算している。

また、ブラジルの森林法において永久保全林や法定保留林【註6】が定められているが、二〇一一年の国家環境審議会において、これらの林分について条件付きではあるがアグロフォレストリーを活用することが認められるようになった【註7】。そして、二〇一二年に改正された森林法においても、同様の措置が取られ、同時に、永久保全林や法定保留林の規定順守義務の履行を厳格化することを決め、規定に反している場合には、定められた年限までに森林を回復することが求められるようになった。これらをきっかけとして、荒廃地の回復ポテンシャルによって持続可能な手法としての重要性がさらに高まっている。

さらに、ブラジルの土地利用変化（森林伐採や劣化が主な要因）による二〇一四年の二酸化炭素排出量は四・六七億トン（CO2eq）であり、エネルギー部門四・五五億トン（CO2eq）とほぼ同じとなっている。土地利用変化による二酸化炭素排出量が最大であった二〇〇四年には一九・〇九億トン（CO2eq）であったことを考えると、四分の一以下になっているが、これは日本のエネルギー起源の二酸化炭素排出量の四割弱の水準であり、依然として、その量は多い。

このようなか、二〇一五年一二月にパリで開催されたCOP21にてパリ協定が採択され、詳細に関する今後の協議がどのような方向に進むかということはあるが、気候変動対策という文脈からも、さらにトメアス式アグロフォレストリーが注目度を高めていくのではないかと考える。

ブラジルの農業開発の歴史には日系人の功績の大なるところがある。今後、地球規模課題である食糧問題や気候変動対策といった文脈の中で、アグロフォレストリーについても日系人の功績が大きくなることが期待される。

註

1 Sistema Agroflorestal de Tome-Acu
2 2,104名
3 Integração Lavoura-Pecuária-Floresta
4 Integrated Crop-Livestock Systems
5 1,800〜2,200tCO2eq
6 永久保全林＝Area de Preservacao Permanete、法定保留林＝Reserva Legal
7 決議第429/2011号

セラード地帯の植生

ラッセ・メデイロス・ブレイアー
(Lace Medeiros Breyer)

ブラジリア国立大学植物学科教授。リオグランデドスル連邦大学、ブラジリア国立大学大学院に学ぶ（農学博士）。2002年より現職。専門は、植物学、セラード植生、セラード生物多様性。

はじめに

セラードは、通常、大まかにはイネ科に代表される草本性植物と、多くの低木やいくつかの点在樹木により構成される林群との間にある植生タイプである。これらは、厚い樹皮層と光沢のある肉厚の樹皮で覆われた幹を有する。アマゾンの熱帯雨林と比較すれば、代表的な植物に、サイズの大小はあるにせよ、生息する植物の豊かさや多様性は遥かに及ばないことは確かである。

セラードの専有面積は二〇七万平方キロメートルに達するとされ、これはブラジル国土の四分の一に相当する。二〇世紀の中頃には、経済的にはほとんど価値のない貧弱な地域とみなされ、地価は安く、その土地を利用可能するには大量の土壌施肥が必要と考えられてい

焼き畑後のセラード

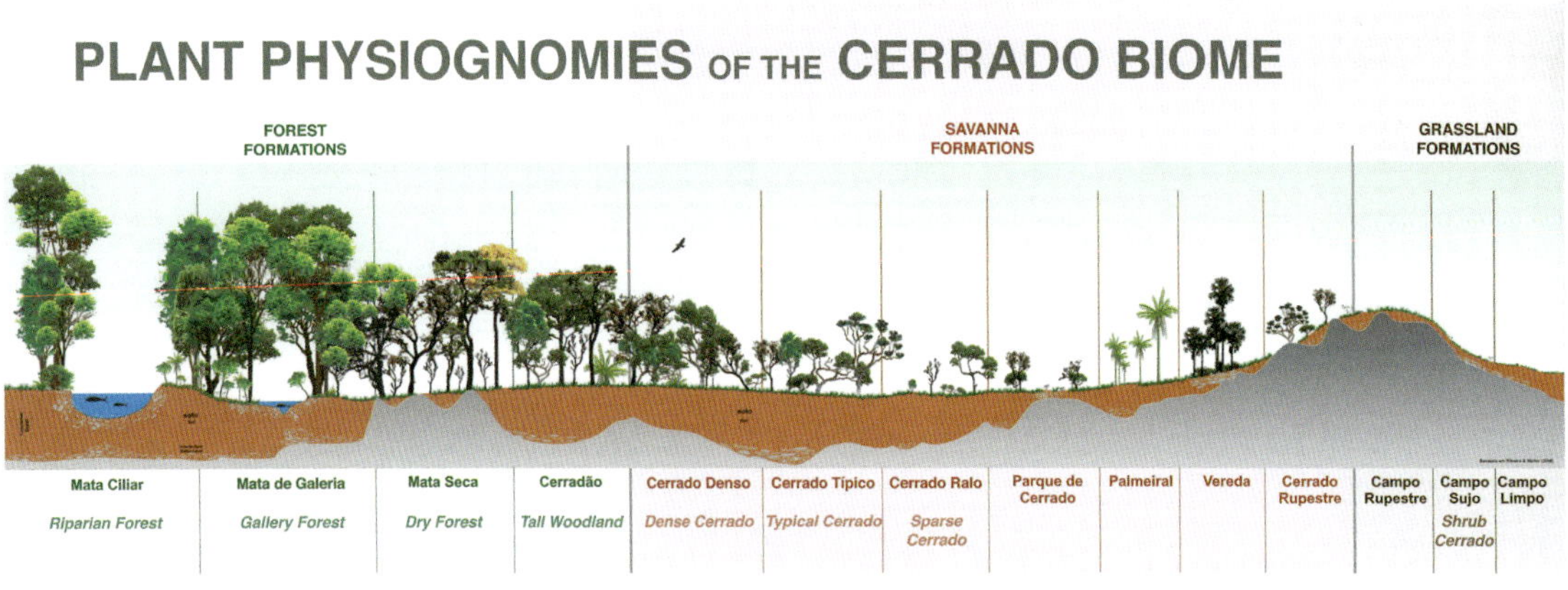

セラードの生態系における植物相の構成（左部は森林群、中央部はサバンナ群、右部は草原の3領域で構成）　資料提供：Embrapa

た。しかし、現在では、農業前線の拡大にセラード地帯が果たす役割は増大し、自然への大きな脅威ともみなされている。

　ブラジリア連邦直轄区（新首都ブラジリアのためにゴイアス州から分割され、ブラジル連邦政府が直轄する地区。面積は約五千八〇〇平方キロメートル、人口は約二八五万人）のエリアの植生に関するユネスコの二〇〇〇年の調査は、直轄区を含むセラード全地域で生じている農地の拡大を理解する上で貴重な調査となっている【62頁・表1参照】。

焼き畑後に作られた散策道

セラードの植物種属の多様性

セラード地帯は、アマゾン熱帯雨林、大西洋岸森林、カーティンガ（沙漠）、パンタナール（湿原）、パンパ（平原）に隣接する広大なエリアである。多様性に富む地帯であり、度重なる調査はされているが、植物の複雑性の解明にはまだ時間がかかる。ここでは、今日でも支持されている数十年前に分類された植物データに基づいて解説する。

　セラードには六千四二九種の植物が生息する。首都ブラジリアを含むブラジリア連邦直轄区には、セラードでの主要な保全地区がある。それらは、ブラジリア大学、ブラジリア植物園、およびブラジル地理統計院の自然保護区域から取水される清流の農業用水路のエリアであり、その合計は一万ヘクタールに達する。

　そのなかには、ブラジルの重要な三流域（アマゾン川、ラプラタ川、サンフランシスコ川）の源流となる貴重な区域があり、これら

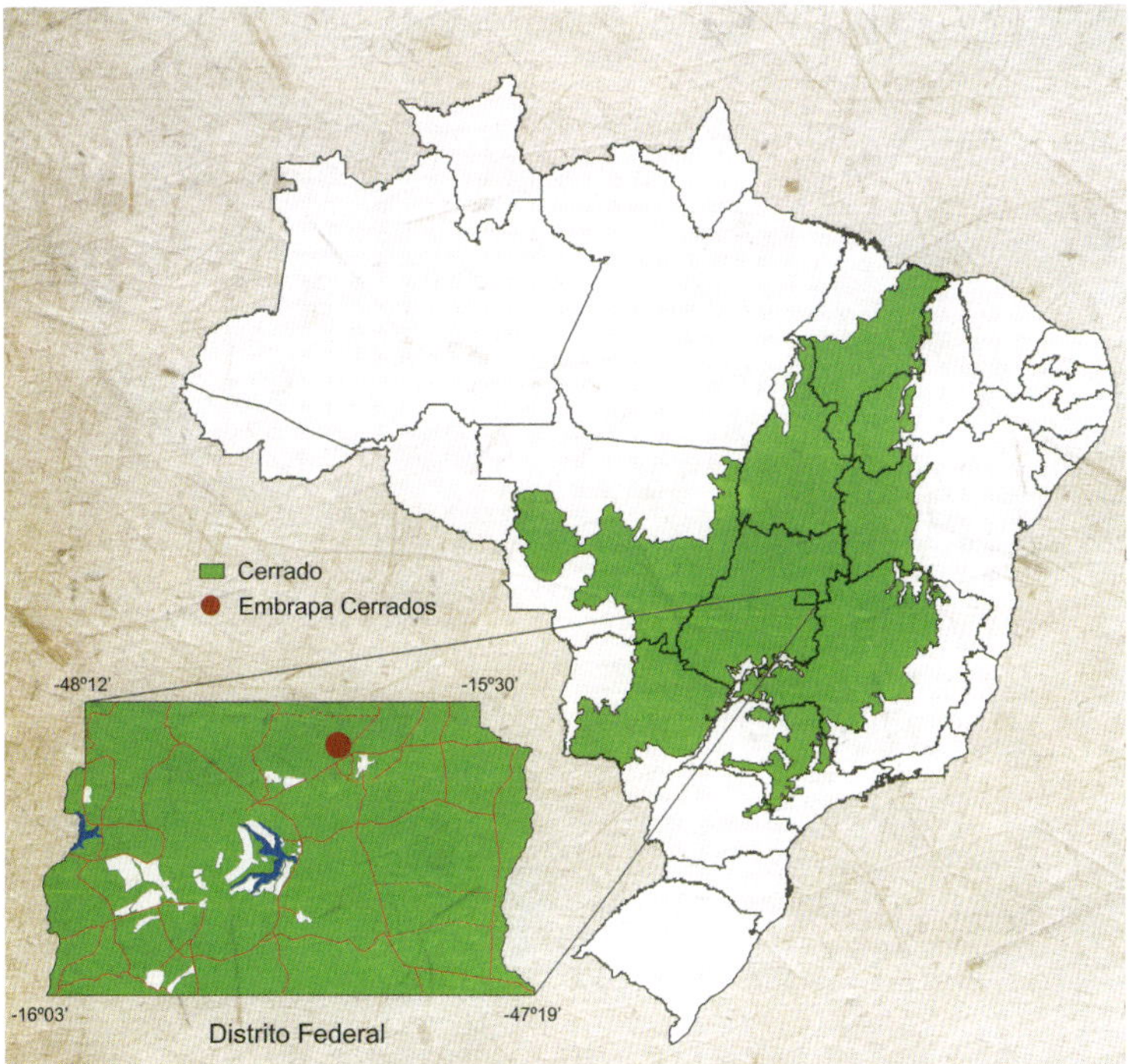

ブラジルにおけるセラードの分布図（緑部分）。詳細図はブラジリア連邦直轄
セラードの面積：207万㎢　農地：139万㎢　資料提供：Embrapa

水域の観察の拠点となる生態系ステーションも設置されている。

さらに自然保護区域として、ブラジリア国立公園は三万ヘクタールが加わる。これらの区域には、一四六科七〇二属二千九四種の植物が生息する。

一般的に、セラード地帯は、セラード（サバンナ）、大西洋際の森林、カンポ（平原）の三つの湾（領域）から構成される。平原は樹木のない草地で覆われ、森林は樹木密度が高く太陽光が土壌には直接届かず、地面の植物は相対的に貧弱になっている。

先のユネスコの研究チームは、ブラジリア連邦直轄区での一九五四年から一九九八年までの衛星画像解析等によって、初期の自然被覆率が全体で五七・六五パーセント減少していると断定している。損失は、セラードで七三・八パーセント、森林で四七・二パーセント、平原で四八・一三パーセントであった。

このブラジリア連邦直轄区を対象とした研究では、植生被覆が破壊され、窮乏化する状況を以下のように推察している。

- セラード（サバンナ）では、初期状態では樹木は三〇〇種であり、まだ開発されていないセラード（サバンナ）の二七パーセントのエリアに、樹木種が七〇パーセント残存していると推察する。したがって、セラード（サバンナ）では、すでに一〇〇種の樹木が損失していることになる。平原では、草本類と樹木類の比率は三対一であり、草本植物の推定損失は三〇〇種になる。
- 密林では樹木類五〇〇種、草本類で二〇〇種が損失したと推定される。これら三つのエリアでの損失の推計を合わせると、初期状態よりも現在は六〇〇種の樹木が損失し、二千九四種あった植物の三割が損失したことになる。

持続可能な開発のためには、将来世代が享受できる資源を損なうことなく、現世代の要求を満足させるシステムの構築が前提となる。わずか半世紀足らずの間で、人類は一〇〇万平方キロ相当のセラード面積を完全に変容させてしまった。

二〇〇〇年以降の一〇年間で、

セラード地域の典型的な都市郊外で曲げられた樹木

表1 ブラジリア連邦直轄区における農地面積の経年拡大 (出典：UNESCO, 2000)

Year	1954	1964	1973	1984	1994	1998	2001
%	0,02	0,44	6,06	20,84	36,79	46,32	47,56
Ha	93	2.570	35.223	120.954	213.896	269.366	276.521

註：表より、農地面積は0.02%（93.29 ha）から47.56%（276,526 ha）に増加していることがわかる。581,400 haの方形状の連邦直轄区では、1954年から2001年の47年間で、農地は2378倍にあたる2,378 haに拡大した。

国内で収穫された大豆の約六〇パーセント、綿花の七五パーセント、トウモロコシの三〇パーセント、コメと豆類の二〇パーセントがセラードで生産され、さらに六千七〇〇万頭のウシが飼育されていると推計されている。これらの膨大な生産行為の意味するところは、セラードが富を生む無尽蔵の井戸なのか、あるいはその持続性が将来的にも保証されるのかどうかを意味し、今後の取り組みにかかってくる。

セラードの自然は豊かであり、人類に必要な水、空気を供給する貴重な源であることを再認識して、今後の持続的な保全と開発の両義性を検討していくことが求められている。

（本文はポルトガル語、内ヶ崎万蔵・訳）

Eugenia dysenterica（フトモモ科）の開花

表2 セラードにおける優勢な植物種

Família	科目	セラード全域種数	ブラジリア連邦直轄区種数
LEGUMINOSAE	マメ科	777	210
COMPOSITAE	キク科	557	269
ORCHIDACEAE	ラン科	491	80
GRAMINAE	イネ科	371	151
RUBIACEAE	アカネ科	250	81
MELASTOMATACEAE	ノボタン科	231	80
MYRTACEAE	フトモモ科	211	72
EUPHORBIACEAE	トウダイグサ科	183	50
MALPIGHIACEAE	キントラノオ科	126	58
LYTHRACEAE	ミソハギ科	113	22
OUTRAS	その他	3119	1021
合計		6429	2094

世界最大の家畜群が排出する温暖化ガスの削減はブラジルの大きな課題

Pterodon pubescens（セラードにおいて重要な薬用となるにマメ科の樹木）

内ヶ崎都留子《低木》2012年、個人蔵
熱帯アマゾン森林と寒冷パンパ（平原）の挟間のセラード植生を描いた

ブラジルの有機栽培コーヒーとフェアトレード

クラウジオ牛渡（Claudio Ushiwata）

パラナ連邦大学および東京農工大学大学院で学ぶ（農学修士）。専門は、土壌物理学、持続的農業開発、家庭農園推進活動、コーヒーの有機栽培。日系三世。現在、2012年にクリチバ市に設立したコーヒー貿易会社社長。2004年、ブラジル初のオーガニックカフェ「Terra Verdi（緑の大地）」をオープン。

はじめに

ブラジルの有機栽培コーヒーの生産と輸出は、一九八〇年代から九〇年代初頭に、フェアトレードとともにはじまり、現在まで大きく成長してきている。一方、有機栽培コーヒーやフェアトレードに関しては、貿易における倫理的、社会的な意義が、ブラジルでも重要となっている。

ただ、詳細なデータの欠如が、フェアトレードや有機栽培コーヒーの具体的な成果を明らかにする上で大きな障害となっている。

本稿では、有機コーヒーを扱ってきた当事者の立場から、フェアトレードにおける有機コーヒーの生産と販売の現状について述べたい。

増加する有機栽培豆の需要

ブラジルは世界最大のコーヒー

ビソーザ連邦大学近郊の
有機栽培コーヒー農園

豆の生産国である。二〇一四年の輸出量は、六〇キロ詰めで約四千三〇〇万袋、二〇一五年は約三千七〇〇万袋【註1】にのぼり、これは全世界の消費量の約三分の一に相当する量である。

　有機コーヒーに関しても、世界で徐々にブラジル産豆が評判となってきている。この一〇年間で、有機コーヒーの需要は、世界的に大幅な増加をみせている。二〇〇六年における世界の有機コーヒー豆の総輸出量は、四〇万九千袋であったが、二〇〇九年には六二万五千袋に伸びている。二〇〇九年のブラジルの輸出量は二万二千五〇〇袋で、世界全体の四パーセントに満たない。

ブラジル初のオーガニックカフェ「Terra Verdi（緑の大地）」の看板

　ブラジルのフェアトレードで扱われるコーヒー豆については、すでに適切な価格で取引されており、生産や輸出でも相当の量となっている。このフェアトレードで扱われているコーヒー豆に有機栽培豆も含まれている。しかし、フェアトレードの証明書と有機栽培の証明書を両方取得するのは容易ではなく、手続きは煩雑である。一方の認証のみのカフェ、両方の認証をもつカフェ、何も認証のないカフェがあり、それらの数を確定することは、現在は難しい。

有機栽培コーヒー

　ブラジルにコーヒーの有機栽培を根づかせたのは、ジャカランダ農場のカルロス・フェルナンデス・フランコである。彼は、土壌や水の汚染を引き起こす農薬を使わずにコーヒーを栽培することを決意し、一九七八年から段階的に農薬と化学肥料を減らし、一九九六年にそれらを一切使わない有機栽培コーヒーの生産を実現した。農薬や化学肥料を使用しないことは、投資資金の少ない小規模なコーヒー生産者にとっては有望な前途を示すもので、追随者も出てきた。

　一九九三年に、ブラジルの有機農家から有機栽培コーヒー豆の輸出に取り組む気運が生まれる。それは、カルロス・フェルナンデス・フランコが、比較的高い価格帯でかなりの量の有機栽培豆を日本に輸出したことによる。フランコは、いまでもブラジルの有機コーヒーの先駆者とみなされ、ジャカランダ農場は、フェアトレードにおける有機コーヒー生産農

天日干しされたコーヒー豆の乾燥機。この機械で乾燥された豆を袋詰めし出荷する

場の基準となっている。ＡＣＯＢ（ブラジル有機栽培コーヒー生産者協会）によれば、現在、ブラジルの有機コーヒーの生産量は、年間八万～一〇〇万袋の間で維持されているという。

コーヒー豆の天日干し

フェアトレード

レヴィ＆リントンの報告（二〇〇三年）では、フェアトレードは、グローバル市場において、発展途上国との取引で生じていた不公平

コーヒー農園の全景（ビソーザ連邦大学近郊）

ジャカランダ農園を視察する日本人グループ

な富の分配を解決するために生まれたという。発展途上国の農産物は、消費量の多い先進国に輸出されている。なかでもコーヒーは、生産国と消費者国間での不公平な分配の典型である。この不平等性を縮小するために、「倫理的消費」という概念に基づいてフェアトレードというアイデアが考案された。そして、EFTA（欧州フェアトレード協会）、IFAT（国際フェアトレード連盟）、FLO（国際フェアトレード・ラベル機構）が創設された。

オーガニックカフェ「Terra Verdi（緑の大地）」の店内（クリティバ市）

FLOは、貿易が「公正」であるために、以下のルールがフェアトレードに適応する生産者の利益のために採用される必要があると提唱する（二〇〇八年）

①生産者は彼らの製品に対し、最低価格を受けとることができる。
②社会的、経済的、環境的な発展を促進するための事業に投資ができるよう、追加のプレミアムが提供される。
③必要としている生産者には事前の融資が提供されること。
④生産者とコーヒー焙煎業者の間で長期的なパートナーシップが促進されること。
⑤フェアトレード認証を受けたすべての製品は、社会的、経済的および環境的に持続可能な生産物であることが確実に立証されていること。

フェアトレード・コーヒーの小規模生産者

ピソーザ連邦大学のソウザ教授の研究（二〇〇六年）によると、持

ブラジルの有力誌『ベージュ』がベストカフェとして「緑の大地」を証書（2007年）

続可能なコーヒーの生産と販売は、当初、倫理的、哲学的な関心がきっかけとなったが、一方で、単純に経済的な要因も考慮に入れなければならない。いくつかの研究では、生産者がフェアトレード・コーヒーの認証を受ける主な理由に、金銭的利益を指摘している。認証を受けることで、小規模コーヒー農家はコーヒー市場での不安定性を低減でき、生産への経済的対価の増加や販路の拡大という、代償を得ることができる。ただ一方で、ブラジルの生産者はフェアトレードの認証ラベルを採用したくとも、バイヤーへのアクセスや、消費者との直接的なラインの確立はハードルが高い。

　ブラジルではフェアトレード・コーヒーを扱う生産者の協同組合は一〇軒あり、仲介業者は五軒ある。そのひとつである、ミナス・ジェライス州にある「家族農業協同組合」は、四一七軒の組合農家が、フェアトレード・コーヒー豆二万五千袋を生産し、そのうち、有機栽培コーヒーは一、七〇〇袋である。

公正取引と焙煎業者

　世界の四大焙煎業者が扱うコーヒー豆のうち、フェアトレード・コーヒーの占める割合は〇・二～二パーセント程度である。このようなわずかな量であるにもかかわらず、企業はそれによって社会的・環境的責任を果たしていると過大に宣伝をしている。これらの企業は、少ない量の取り扱いでも、「柔軟」で「公正」な企業イメージを植え付けようと目論んでいる。こうした焙煎企業への批判は、市場拡大のための方法としてだけフェアトレードを使用していることにある。

　フェアトレード認証は比較的最近のことであり、ビジネスを行ううえで原則や理念としてフェアトレードを実践していても、認証や認証ラベルをまだ得ていない企業もある。当初、フェアトレードのラベルは市場への受け入れは少なく、認証ラベルも余るほどであった。この問題を解決するために、政府は、ＦＬＯと連携して、大企業との契約によってフェアトレードの普及を促進した。未認証のフェアトレード・コーヒーは、市場における一定の領域を占めるためには、大きな努力が必要で、特に消費者の「意識」に訴えることが重要である。

公正な貿易と消費者

　大企業は、フェアトレード認証を受けた商品が、多数の消費者に「見える」かたちでアクセスできる販売網を提供するために、重要な役割を果たしているという。

　フェアトレード認証の拡大には、環境への負荷の少ない製品を選択しているという「意識的消費」への関心が、消費者のあいだに拡大することに大きくかかっている。消費者の、社会問題や環境問題に対する関心は高くなっているが、彼らは品質には妥協しない。フェアトレードが浸透するためには、認証制度への信頼性が前提となる。

　社会的、環境的正義に則って取引されるコーヒーの需要を増加させることは、次の点で重要である。すなわち、消費者は世界市場における社会的かつ環境的な課題を軽減するために、何を消費するかを、自ら決定できるということである。

日本との成功事例

　福岡市のウインドファーム社は、一九八七年に有機農産物センターとして設立され、無農薬野菜、無添加食品などとともに、自社焙煎による無農薬コーヒーの販売を開始した。その後、ブラジルのマチャドにあるジャカランダ農場と出会い、両者でフェアトレードシステムを確立するために協働してきた。そして、一九九三年に、有限会社有機コーヒーを設立し、ジャカランダ農場から最初の有機コーヒーの輸入が実現した。一九七七年にウインドファーム社を設立し、以降、輸入と製造を有機コーヒー社が、販売を同社が担っている。一九九八年にコロンビアで開催された国際有機コーヒーセミナーで、同社がフェアトレードのモデルケースとして招聘された。

一九九五年から九六年にかけて、日本の消費者は、前年に冷害で苦しんでいたローズウッドの有機コーヒー生産を支えるために、先行投資を行った。日本の消費者は、コーヒー生産の回復に必要な二年を経て、焙煎されたコーヒーを入手することができた。

二〇〇〇年春、多数の国や地域の参加を得て、ブラジルのマチャド、サンパウロ、クリティバの三都市で、最初の「有機コーヒー・フェアトレード国際会議」が開催された。同年五月には、主に日本に輸出される有機コーヒーと同じ「緑の大地・クリティバの有機コーヒー」が、ブラジル国内市場に提供された。

二〇〇三年、マチャド市が条例を制定し「有機コーヒーの世界都市」を宣言、「有機コーヒーとフェアトレードの日」が五月二二日に制定された。福岡市のウインドファーム社とブラジルのジャカランダ農場は、二五年にわたり、ビジネスのパートナーとして良好な関係を続けている。現在、福岡の有機コーヒー社が提携しているのはジャカランダグループである。このグループに所属する生産者には、ジャカランダ農場のほか、マチャ地域の生産者、コーヒー協同組合などが含まれるようになってきている。二〇一五年にジャカランダグループは、有限会社有機コーヒー社に、コンテナ一台分である約三〇〇袋を輸出し、二〇一六年にはコンテナ二台分の輸出が見込まれている。

まとめ

有機コーヒー生産は拡大してきているが、ここ数年は、安定している。生産者団体は、生産を増加させる努力と同時に、フェアトレードによるマーケティングシステムを増やし、改善する努力もしてきている。

生産者にとっては、フェアトレードのラベルがコーヒーの価値を高めることに寄与してきた。同様に、大手コーヒー焙煎企業にとっても、会社の公正性のイメージを向上させるものとなっている。ただ、消費者の拡大の速度は理想には達していない。一部の消費者は、まだ社会的な意味での支援を目標としてコーヒーを買っているし、他の消費者は、低品質のコーヒーや高い価格のコーヒーを買うことをやめている。

生産・販売・消費のシステムにおける透明性が、コーヒーの生産量と販売量を増加させ、さらに、フェアトレードによる有機コーヒーの比率を増加させることにつながる。

市場におけるフェアトレード認証の普及と同時進行で、フェアトレードで扱われるコーヒーが有機認証を得るには、まだいくつかの条件が必要である。生産者と消費者のつながりを強くすることが、短期間で、世界的な拡大に寄与することになるだろう。

（原文はポルトガル語、内ヶ崎万蔵・訳）

註
1 2014年：4,324万袋、2015年：3,689万袋を輸出している。

植林地と自然林（ブラジル）
©João Rebelo

ブラジルのFSC®認証林における取り組み

WWFジャパン　自然保護室　古澤千明（ふるさわ・ちあき）
金融機関を経て、WWFジャパン入局。海外の森林保全プロジェクトなどに携わる。現在は、各国のWWFとも協力しながら、主に紙に関して森林資源の持続可能な利用を推進する。

広大なＦＳＣ認証林

ＷＷＦジャパンでは、森を守りながら森林資源の利用を続けることができるよう「FSC®（Forest Stewardship Council®：森林管理協議会）」の認証を推奨している。ＦＳＣとは、木材を生産する森林と、その森林から切り出された木材の流通や加工の過程を認証する制度を管理する国際的な組織で、その認証は森林の環境保全に貢献し、地域社会の利益にかない、経済的にも継続可能な形で生産された森や製品に与えられる。消費者はＦＳＣのマークが入った製品を買うことで、世界の森林保全を間接的に応援できる。

では、「適切に管理された森林」

苗木を植える人々
©WWF Japan

とはどういうものか。その一例として、ブラジル南東部のミナス・ジェライス州の森林を取り上げる。この地域には、日本の王子ホールディングスのグループ企業、セニブラ社【註1】の管理するFSC認証林と工場があり、紙製品の原料パルプが生産されている。

ミナス・ジェライス州の面積は、日本国土の約一・五倍にあたる約五千九〇〇万ヘクタール。セニブラ社は、同州に神奈川県に匹敵する約二五万ヘクタールの土地を保有している。

しかし、実際に製紙原料用の植林地として使用しているのは、この半分程度にすぎない。林道などを除いた残りの約一〇万ヘクタールは、保護林として残し、生態系の維持がはかられているからだ。

二〇〇五年にFSC認証を取得したセニブラ社の森は、なだらかな丘陵地帯にある。道沿いに車を走らせると、その両脇には、整然と林立するユーカリ林と、こんもりした天然林、そして伐採後の茶色の丘が交互に姿を現す。

ブラジルの国内法でも、FSC認証の取得の際に求められる森林管理においても、河川や湖沼などの水源地の周囲の森は、保護が義務付けられている。見晴らしのよい場所から眺めると、水辺の環境がよく維持されていることが一目で見て取れる。

原料から製品までのサプライチェーン

ユーカリは、数センチの苗木がわずか七年ほどで樹高約二五～三〇メートルにまで成長する、非常に成長の速い木で、製紙原料に適している。ユーカリの苗は、種ではなく、親木の切り株に生える新芽を切り取り、それを挿し木して作られる。植林後七～八年経ち、十分に成長したユーカリはいよいよ紙の原料となるパルプへと生まれ変わる。

伐採された丸太は、工場の敷地内に運ばれ、まずは細かく破砕してチップになる。次に、巨大な設備で薬品と一緒に煮込む。この「蒸解」工程と呼ばれる作業で繊維を繋ぐリグニンを分離させ、繊維を取り出す。

この工程で発生する、リグニンと薬品が混じった液体（黒液）を濃縮し、工場内のエネルギーの大部分を賄う燃料として活用している。さらに、この黒液を燃料として利用した後にでる残留物は、最初の工程でチップと煮る際に使われる薬品として、再利用できるという仕組みになっている。

蒸解で取り出された繊維は、「晒し」と呼ばれる工程で漂白と洗浄が行なわれ、着色成分が除去される。その後、大量の水分を加えて液状にし、厚みを均一に整えながらパルプを抄き上げる機械にか

セニブラ社の環境教育施設内で観察されたカオグロナキシャクケイ（上）とアカハシホウカンチョウ。ともにIUCNのレッドリストでは絶滅危惧種
©WWF Japan

集められた製紙用チップ　©WWF Japan

け、高温乾燥を経て、紙製品の原料となるパルプができあがる。

完成したパルプは、大西洋岸にあるパルプ専用のポルトセル港へと運び込まれる。この過程で重要なことは、輸送や流通の過程でＦＳＣ認証を取得していない他の製品が荷に混在しないことである。そのため、ＦＳＣの製品を扱う加工、流通の過程では、認証製品と非認証製品との完璧な分別管理が求められる。セニブラ社では、工場で生産されたパルプには、工場から出荷前に管理バーコードを付すことで、これに対処している。

ブラジルの港から出航した船は、世界各地に寄港しながら、ひと月半から二か月かけて愛知県の名古屋港に到着し、愛知県春日井市にある、王子ネピア名古屋工場へと運び込まれる。ブラジルの森で植林されたユーカリが、こうしたサプライチェーンを経て日本の紙製品となる。

失われた森の回復

セニブラ社が管理する森の多くは、大西洋岸森林と呼ばれる森林地帯にある。かつての大西洋岸森林には、アマゾンに並ぶほどの生物多様性が豊かな森が広がっていたが、数百年以上も前からの開発により、既にその九割以上が失われてしまった。

こうした地域で、環境・社会・経済への配慮に関する厳しい基準を満たさなければならない森林認証を取得し、またそれを継続しながらの植林地の経営は、決して容易ではない。

セニブラ社の場合、現地の法律の遵守に加え、植林地や工場の操業のために取得したライセンスだけでも四千件近くに上るという。ＦＳＣの森林認証制度においても、事業者が法律を遵守し、必要な許可を取得しているかは最も基本的な要求事項のひとつとなっている。しかし、たとえ法律を守り、必要なライセンスを全て取得していても、それだけでは事業者が確実に周辺環境や社会に十分な配慮をしている証拠とはいえない。法律は国によって異なる上、施行や管理の程度にも国や地域によって大きな差があるからだ。

一方、ＦＳＣでは、認証を取得する事業者は、たとえ既に荒廃した土地でも、河川や湖沼などの水源地であったり、希少な野生生物の生息域である場合は、製紙原料用の植林地ではなく、自然の森に戻すための作業を行なわなくてはならない。さらに、植林後のメンテナンスに加え、その土地の動植物についての継続的なモニタリングも求

地元農家に委託されたユーカリ林　©WWF Japan

められる。

セニブラ社の森の場合も、調査の結果、所有地の森において新種の動植物が発見されている。そして、その調査に基づき、野生生物の生息地を製紙用の植林で分断しないよう計画したり、地域住民と自然の森を回復させるための植林にも取り組んでいる。また、地域のNGOと協力し、絶滅の恐れの高い固有種のひとつ、アカハシホウカンチョウ（通称・ムトゥン）の飼育・繁殖活動も続けている。

地域社会との共存

セニブラ社の森では直営の植林地の他に、「フォメント」と呼ばれる委託植林も行なわれている。これは、地域の人々に事業への理解を深めてもらうために一九八五年から始められたもので、植林事業に関心のある農家と契約し、苗を供給してルールに基づいた栽培を依頼し、後に育った原木を買い取るという形で実施されている。

契約農家は、以前はトウモロコシやマメ、イモなどを栽培していたが、ユーカリ植林を始めてから収入が安定するようになったという。

大規模に土地を所有する植林事業者からすれば、契約農家一戸あたりの所有面積は限られており、むしろ事務手続きや日常のコミュニケーションなどに手間や時間がかかる。しかし、地域社会との共存という観点から、こうした住民との関係性の構築は非常に重要である。

また、同社の環境教育施設では地域の子どもたちや教師を対象にした環境教育を実施しているほか、土地を所有しない農家が収入を得るために農地を提供したり、植林地と重複する土地で蜂蜜を収集する養蜂業組合とも協力するなど、地域社会とのさまざまなコミュニケーションの機会を大切にしている。

セニブラ社に限らず、一般的に、広大な土地を長期にわたって利用する植林地の経営において、土地の権利や利用のあり方をめぐる地域社会との合意形成は、最も難しい課題の一つといえる。FSCの制度においても、事業者が森を利用する先住民などの権利を守ること、そして地域社会との合意のうえで、協力しながら植林地を管理し、地域社会との共存に努めることが求められる。

セニブラ社の環境教育施設、マセドニアファーム　©WWF Japan

註

1 セニブラ社（Celulose Nipo-Brasileira S.A）は、日本とブラジルの合弁プロジェクトとして1973年に設立。

サンパウロ都市圏における有機農業の現在

廣野 慎(ひろの・まこと)
1974年大阪府生まれ。大阪府立大学修士課程卒業後、設計事務所勤務を経て2〇〇3年よりブラジルへ移住。サンパウロ近郊のイタペセリカ・ダ・セーハ市の農場にて、庭木や盆栽の苗を生産する傍ら、自給自足を目指し有機野菜を栽培する。設計事務所勤務期からstudio-Lに参画。

(本稿の写真はすべて筆者撮影)

ブラジル全土の有機農業の状況

ブラジルにおいても、世界の先進国同様に、健康問題、土地の環境保全、消費者の安全安心またはエコロジカルな思考により、有機野菜への需要は高まっている。本稿では、サンパウロ都市圏における有機農業をめぐる状況を、主に消費者の視点と生産者の視点から捉えるとともに、課題と今後の在り方を考えてみたい。

まず、ブラジル全土における有機農業の状況について見てみる。農務省の二〇一三年度の報告によれば、ブラジルにおける有機野菜の生産量は、近年一五から二〇パーセントの割合で伸びているという。そしておよそ九万の生産者が有機農業を行っている。その約八五パーセントは家族経営で、多くは一五ヘクタールまでの小規模な農地で有機農業を行っている。このように成長を続ける有機農業の生産者を支援するよう、政府は二〇一三年に、「国による有機農業計画」を発表し、主に家族経営の生産者を資金と技術面から援助している。その規模は八〇億レアル(日本円で約四〇〇億円)となりブラジルではこれまで最大の有機農業への投資である。

サンパウロ都市圏の有機農業

次に今回の主題となるサンパウロ都市圏の有機農業の状況を見てみる。約二千万人の人口を抱えるサンパウロ都市圏の近郊農業には、従来型の集約式栽培、サンパウロ近郊において盛んな水耕栽培、そして有機農業が存在する。その中で、有機農業による野菜については、主に環境保護への意識の高い高所得者層を中心に需要が高い。有機野菜の価格は、従来の農産物や水耕栽培による農産物に比べ、平均三〇パーセントほど高い。

サンパウロ都市圏の住民が有機野菜を購入する方法・場所としては、インターネット通販や一部の大手スーパー、サンパウロ市内で開かれる青空市場などがある。

消費者が最も手軽に、新鮮な有機野菜を購入しやすいのは青空市場である。青空市場の特徴は、生産者自身が農産物を販売していることである。

現在サンパウロ市内の青空市場は、規模の大きいものが約一〇か所、小さいものも含めると約三〇か所が開かれている。時間帯としては、主に週末の午前中で、多く

サンパウロを代表する都市公園、ヴィラロボス公園の一角で早朝から行わる青空市場。こちらも有機農業協会の主催

の青空市場はヴィラロボス公園のように、公園の一角や駐車場の一部で開かれる。

その中でも、サンパウロ市内中心部に位置するアグアブランカ広場の青空市場は人気があり、多くの人で賑わう。

有機農業協会が主催するアグアブランカ広場の青空市場は、一九九一年に始まった最も歴史のある青空市場であり、サンパウロ市内では唯一常設の建物を有する。ここでは現在約三〇の生産者が葉物野菜、根菜類のほか、バナナやリンゴなどのフルーツから乳製品、はちみつ、茸類などを販売している。そしてこのアグアブランカの青空市場は、サンパウロ市内の青空市場では唯一、週末以外に火曜日の午前七時から一二時と、また二〇一三年度からは就労者が帰宅帰りに利用できるよう、火曜日の午後一六時三〇分から二〇時三〇分にも市場を開催している。夕方の市場は開始以降売れ行きも評判も上々であるという。

それでも、消費者の中には毎日新鮮な有機野菜を食卓に並べたいと望む人もあり、そうした人々の要求を満足させるには有機野菜の供給は十分であるとは言えない。

そのような需要が存在するため、有機農業の生産者はさまざまな販売経路を模索している。販売手段としては、有機農業の組合を通しての販売、インターネット通販、

アグアブランカ青空市場は唯一常設の屋内施設をもつ

生産者自身が営む店舗や青空市場における販売、レストランやスーパーへの契約販売などである。また販売方法においても、生産者独自の包装やロゴチップの作成、また加工野菜の導入などの工夫を行っている。

環境保護地区で生まれた有機農業

今回の主題となるサンパウロ都市圏の有機農業の状況をみるため、サンパウロ市から西に約七〇キロに位置するイビウナ市にある有機農業の生産者を取材した。

イビウナ市は「農業がイビウナ市の強み」を市のモットーに掲げるように、比較的冷涼で湿潤な気候と土地の良さを生かし、有機農業に限らず、花卉栽培なども盛んである。またサンパウロ都市圏とソロカバ都市圏という、南米でも最大級の二つの大都市圏の近くに位置する立地条件をいかし、大都市圏の重要な農産物供給地となっている。

アグアブランカ青空市場の屋内施設の入口
主催する有機農協（AAO）の看板が掲げられている

イビウナ市で有機農業が始まったのは一九九五年頃からである。イビウナ市の中でも特に有機農業の生産者が集中しているのがヴェラーヴァ地区である。この地区で、現在なお有機農業を行っている生産者は、すでに二〇年間の歳月を経過している。

ヴェラーヴァ地区は、一九九八年にサンパウロ州で法令化された環境保護地区【註1】にある。このエリアでは、環境保護に基づいた持続可能な農業活動が義務付けられている。また同地区は、ユネスコが指定する生物圏保護区の大西洋岸森林【註2】にも指定されており、そこでは生態系や生物多様性の保持が求められる。このような立地条件から、この地区では生産者が農業活動を続けていくには、有機農業を選択することが必然的であったと考えられる。

ブラジルにおいて有機農業を行うためには、有機農業を行っているという認証が必要である。認証を行うのは国に指定された登録認定機関（第三者認証機関）である。

生産者からとれたての有機野菜が直に購入できる

テントを張ったテーブル席も人気（ヴィラロボス公園）

農場内で使われる全てのものはこの認証機関が認めたものに限られ、年二回の検査が行われる。そこで検査されるのは、湧水周辺や河川の流域が農地として使われていないか、健全に保全されているか、緩衝緑地が保存されているかで、前述の環境保護地区やユネスコの生物圏保護区に対応した農業活動がされているかが問われる。また、具体的な農地の使い方として、土地の浸食がないか、農薬、化学肥料が使われていないかが検査される。取材した生産者の農地では、土地の浸食対策として、土地の等高線に沿って水平な畝が作られている。

生産現場の課題と農家の取り組み

ヴェラーヴァ地区の有機農業生産者にとって現在最も問題になっているのが、人件費、電気代や肥料、資材の高騰である。その結果、有機農業を始めた頃のような利益率を維持することが年々難しくなっているという。そこで生産者は手間と電気代を減らす対策のひとつとして緑肥を多用している。緑肥は有機農業を行っていくうえでは土壌改良という点で必要不可欠な作業である。

ヴェラーヴァ地区の多くの有機農家は、主にレタスやキャベツなどの葉物野菜を栽培している。ここでは、先に畝を作っておき、そこに緑肥となるエンバクや緑肥用のトウモロコシを植える。そして、レタスや白菜などの苗を植える前に、土をすかずに上部だけを刈り取り、刈敷きし、そこに苗を植えていくのである。この方法により、これまで収穫後毎回畝を掘り返していたのが、三、四作に一回畝を掘り返すだけで以前同様の生産率を確保できているという。

刈り取られ畝に敷かれた緑肥は、肥料としてだけでなく、草マルチングとしても機能する。この草マルチングによって、まず雑草がかなり減らせるという。有機農業にとって、手作業による雑草取りは、手間も時間もかかる重労働であるが、草マルチングによりかなりの手間が省ける。

また草マルチングは強い雨が降っても畝の土が流れないように働き、地温を一定に保つ役割もある。草マルチングによって土の部分は冷涼で湿潤な環境が保たれる。このことにより大幅な潅水量の削減になっている。潅水量が少なくなれば、ポンプの稼働量も減る。それは潅水のための手間や電気代の節約を意味するだけでなく、環境保護の側面からも重要なことである。また生産者によれば、緑肥の多用化により、緑肥を長年続けている場所では毎年土質がよくなり、有機農業においても集約式栽培並みの収穫量があるという。

ヴェラーヴァ地区では、二〇〇〇年頃には約八〇軒あった有機農家が、現在は三〇軒ほどになった。この減少理由としては、もともと有機農業を始めた生産者の大半が家族経営であったため、その後の人件費や資材の高騰、利益の減少に対して、それを補う新たな技術を導入することが困難で、生産体系をマネージメントできなかったことがあげられる。現在残っている生産者のほとんどは、しっかりとした圃場計画による生産性と幅広い販売経路を確保している。

都市圏における需要の増加

この地区で生産者の数が減って

緑肥の様子、奥に見えるのが緩衝緑地

土地の浸食を防ぐよう丘の稜線に沿って作られた畝

いるのに対して、有機野菜の需要は年々高まっている。取材した農家では、二〇〇〇年頃を機に増加に転じた注文に対応するため、新たな農地を借用し、現在では約三五ヘクタールの土地に、レタスを中心に約二五種類の葉物野菜を栽培している。また、近年ではサンパウロ市内にとどまらず、約四〇〇キロ離れたリオ・デ・ジャネイロの海辺の町まで、毎日トラック一台の有機野菜を出荷している。なぜそれほどまで遠方の町に出荷するのかといえば、ブラジルでもとりわけ日差しの強いリオ・デ・ジャネイロでは、健康志向の高い富裕者層のあいだで有機野菜の需要が高まっているが、近辺には、安定して供給できる生産者が存在しないからである。

また、有機野菜を好む消費者は、すべての食材を有機商品で揃えることが理想である。そのような消費者の高まる需要に対して、出荷する野菜も葉物野菜にとどまらず幅広いものになってきており、自分たちだけでは賄いきれなくなっている。そこで、近隣の有機農業生産者と協力し、ナスやトマトなどの果菜類、トウモロコシ、バナナなどの果物も自身の葉物野菜とともに出荷している。

また、この生産者では近年サンパウロ市内の富裕層地区のスーパーだけでなく、中流層地区にあるスーパーにも有機野菜を出荷している。そこでの売れ行きはまずまず順調であり、消費者層は徐々に拡大しているという。有機野菜の価格が他の農産物の価格より比較的高いにもかかわらず、中流層の地区でも需要があるということは、消費者の健康や環境への関心が広く浸透してきている証左である。

長年緑肥を続けた畝でのヤセイカンラン

サンパウロ・オーガニック・プロジェクト

このように、有機野菜の需要は富裕者層に限らず幅広い層で徐々

緑肥を行う前の畝

スーパーへ出荷するための包装作業

日系人と思われる農家も多い

に高まってきている。サンパウロ都市圏において有機野菜が比較的高い価格で販売されていることを考えると、価格よりも健康、味、栄養のあるものを毎日の食卓に並べることを優先する消費者が増えてきているといえるだろう。

しかし、現状において有機野菜の供給は、これらの消費者の需要を満足させるほど、販売量、販売時間、販売場所において十分であるとは言えない。今後はインターネットを介した販売形態の充実が一つの解決策になるだろう。生産者は自身の農産物を販売するため試行錯誤しているが、多くの生産者が家族経営のため、販売面の工夫まで十分に手が回らないというのが現状である。今後は販売専門の第三者が介入することも必要となる。

生産者側からみると、より一層の生産効率をあげる技術開発が必要であろう。有機野菜の価格は普通の農産物より三〇パーセント高いとされるが、有機農業の生産率が従来型の栽培と比べると低いことや、有機農業が手作業による仕事がまだ多く、手間賃にかかるコストを考えると、この差は当然である。生産者の技術開発とともに、消費者の側でも有機野菜が高くなる事情を理解する必要がある。

また、行政による有機農業への財政面での支援や栽培を活気づける政策も、まだまだ必要であると思われる。二〇〇三年には「サンパウロ・オーガニック・プロジェクト」において、有機農業生産者を低金利と長期間による返済という資本の面で支援している。また、二〇一五年にはサンパウロ市が、サンパウロ市内において生産された有機野菜を優先的に購入し、公共の小学校の給食に利用するということを法律化した。この法令によると、サンパウロ市は有機野菜に対して従来の農産物より約三〇パーセント高い価格で購入することを決めている。

最後に、サンパウロ都市圏における有機野菜は、徐々にではあるが消費者の間に浸透してきているものと考えられる。有機農業の過程が時間をかけてゆっくりと野菜を作っていく手法であるように、ゆっくりと時間をかけて今後も有機野菜の消費、生産が拡大していくことを願う。

註

1 環境保護地区＝Area de Proteçao Ambiental

2 生物圏保護区＝Biosphere Reserves　大西洋岸森林＝Mata Atlantica

霜害の後のコーヒー農園、1940年頃
パラナ州ロンドリーナ

樹、撮影年代不詳
パラナ州ロンドリーナ
© Haruo Ohara/ Instituto Moreira Salles Collections

家族の集合写真、1950年頃
パラナ州ロンドリーナ、シャカラ・アララ

シャカラ・アララの中心地、1950年代
パラナ州ロンドリーナ

雨後のロンドリーナ駅の操車場、1950年代
© Haruo Ohara/ Instituto Moreira Salles Collections

眞田準の農地、1955年
パラナ州ロンドリーナ

「大原治雄写真展：ブラジルの光、家族の風景」より

「大原治雄写真展：ブラジルの光、家族の風景」
高知県立美術館　2016年4月9日～6月12日
伊丹市立美術館（兵庫県）　2016年6月18日～7月18日
清里フォトアートミュージアム（山梨県）　2016年10月22日～12月4日

朝の雲、1952年
パラナ州テラ・ボア

ブラジルの森林農業誕生にみる日本人入植者の歴史と思想

佐藤貞茂（さとう・さだしげ）

アルファインテル社長。1950年東京生まれ。東京農業大在学中に農業実習生としてブラジルに渡り、約1年間日系農家に滞在。卒業後、ブラジルの日系旅行代理店の東京支社を経て、1979年より現職。以来、日本とブラジルをつなぐ企画旅行を展開し、両国の交流に寄与する。

はじめに
——拓殖への夢

高校二年生の終わり頃、たまたま東京農業大学（以下、東京農大）の大学案内を見ていて「農業拓殖学科」という文字に目がとまった。「原始林の中に分け入って開拓をするのだ」と冒険心をかきたてられた。それ以来、食事も喉を通らないほど「拓殖」への夢に取り憑かれ、受験に必要な生物を独学で習得するため一年浪人し、一九六九年の春、晴れて入学が叶った。

入学後すぐに海外移住研究部に入部し、屋上でエールの練習。大根踊りも習得した。そして、五月には、移民船でブラジルに旅立つ先輩を見送りに行った。横浜港の大桟橋に行くと、拓殖大学、日本大学、東京農大の三校の学生が、旗を持って先輩の見送りに来ていた。東京農大だけでおよそ千人が南米・北米に旅立った。東京農大のこの人数は、三校のなかでも突出していた。それは、大学の創設以来の伝統と歴史に関わっている。

本稿では、東京農大や日本人入植者の歴史と絡ませながら、ブラジルと日本の関わりと、最新のエコアクションへと繋がる流れを概観したい。

トメアス入植70周年を記念して植林された「移民の森」の入り口で。現在も一世の人々を中心に手入れされている

農業拓殖学科の誕生

東京農大の前身である私立育英黌は榎本武揚によって創設された。榎本は、北海道開拓事業に従事した後、外務大臣や農商務大臣などを歴任し、一八九七（明治三〇）年にはメキシコに植民団を送っている。そして、一九五六（昭和三〇）年に農業拓殖学科（現・国際農業開発学科）を新設し、のちにブラジルの日系人社会に深く関わった千葉三郎の存在も大きい。千葉は、東京大学を卒業後、アメリカのプリンストン大学に留学し、帰国後は鐘紡社長の武藤山治が社長を務めていた鐘紡の子会社「南米拓殖株式会社」でブラジル・アマゾン開拓事業に従事している。戦後は、こうした国際経験を買われて宮城県知事や労働大臣を歴任した人物である。

千葉は一九五五年に東京農大の学長に就任するとすぐに、農業拓殖学科の新設に乗り出す。当初大学の諮問委員会は拓殖学という分野に懐疑的であったが、東京大学農学部長の磯辺秀俊が、杉野忠夫を学科長に推薦することで委員会の賛同を得て実現する（磯辺は一九六二年に東大を退官して日本大学教授となり、翌年新設された農獣医学部拓植学科の主任教授となった）。

初代学科長の杉野忠夫は、東大法学部に学び、大宅壮一と同級で新人会に参加したマルキストであった。京大大学院で農史・農政学を専攻した後、教鞭を執るが、農村更生協会調査部長に転じ、その後「満州国」開拓総局参与に就任するなど「満州」開拓に密接に関

東京農業大学〈学卒移民〉関連年表

1891（明治24）年	榎本武揚、私立育英黌を創立（東京農業大学の前身）。 榎本、外務大臣就任。外務省に移民課設置
1893（明治26）年	育英黌、私立東京農業学校と改称
1894（明治27）年	日清戦争
1897（明治30）年	メキシコに榎本殖民団が入植（失敗）
1901（明治34）年	東京高等農学校と改称
1904（明治37）年	日露戦争
1908（明治41）年	ブラジル移民始まる（第1回笠戸丸移民）
1911（明治44）年	専門学校令により東京農業大学と改称、 初代学長に横井時敬就任
1914（大正３）年	第一次世界大戦
1925（大正14）年	大学令により東京農業大学設立
1937（昭和12）年	東京農大専門部に農業拓殖科を新設
1941（昭和16）年	太平洋戦争始まる
1945（昭和20）年	渋谷・常盤台キャンパスが空襲で焼失。 旧ソ連軍が満州（中国北東部）に侵攻、東京農大満州国農場で農業拓殖科の学生ら56人が死亡。 終戦　世田谷キャンパスに移転
1946（昭和21）年	専門部農業拓殖科を開拓科に改組
1947（昭和22）年	専門部開拓科を廃止
1949（昭和24）年	学校教育法、私立学校法により東京農業大学発足
1953（昭和28）年	ブラジルなどへ移住再開
1955（昭和30）年	千葉三郎が東京農業大学第４代学長に就任
1956（昭和31）年	農業拓殖学科を新設、初代学科長に杉野忠夫が就任
1966（昭和41）年	ミシガン州立大学と姉妹提携 （現在、姉妹大学は18校に）
1991（平成３）年	農業拓殖学科を国際農業開発学科に改称

わった。戦後は、石川県立修錬農場（農民道場）長および経営伝習農場長として一〇年を過ごしたのち、農業拓殖学科に招聘され、以後一〇年間学生の海外移住に尽力を続けた。主著である『小農経済の原理』（一九二七年）と『小農指導の原理』（一九三〇年）はいずれも磯辺秀俊との共訳であり、この関係から学科長に推薦されたと思われる。

日本学生海外移住連盟

一九五六年の農業拓殖学科の新設は、時代の趨勢でもあった。まず、五三年に第二次世界大戦で中断していたブラジルへの移住が再開されたことである。もうひとつが、五五年の日本学生海外移住連盟の設立である。連盟は、国際協力機構（ＪＩＣＡ）の前身である日本海外協力連合の後押しで創立した。当時、日本のコロンボ・プラン加盟などに触発された数名の学生が各校に呼びかけ、これに呼応した麻布獣医大学、神戸大学、上智大学、拓殖大学、日本大学、東京農大、早稲田大学など一〇校三十数名で連盟を発足した。また、東大海外研究会を主とした旧帝大系の学生による組織「日本海外研究会」もこれに合流した。

以降、毎年外務省から海協連（後の海外移住事業団）を経由して委託調査費の名目で予算措置を受け、当時海外渡航が困難であった学生の海外移住や海外研究を実施し、南米やカナダに多くの学生を派遣した。

なかでも、東京農大の杉野忠夫教授が提唱した「ワーク・ビフォア・スタディ（現地での実習が即調査である）」の考えを基盤とした、今でいうインターンシップ派遣制度によって、南米をはじめとする

日本学生海外移住連盟関連年表

1955年	衆議院第二会館設立総会にて日本学生海外移住連盟発足
1956年	移住者実態調査開始
1957年	関西支部設立・国内開拓と海外移住調査開始
1959年	南米親善使節団3名出発、岸首相南米事情講演会開催
1960年	第1次南米学生実習調査団、農・工・商・水産部門12名出発　[日米新安保条約調印、新日伯移住協定調印]
1962年	東京農大・杉野忠夫教授顧問就任 [海外技術協力事業団設立]
1963年	[海外移住事業団設立]
1964年	日本大学・後藤教授、日本フロンティアセンター建設着手 [東京オリンピック、OECD正式加盟]
1965年	[日本青年海外協力隊発足]
1967年	第1次カナダ学生実習調査団出発　[ASEAN発足]
1970年	新たに第1次海外学生総合実習調査団として出発、個人加盟制度導入　[日本万国博覧会]
1974年	連盟本部、四谷から市ヶ谷へ移転　[JICA設立]
1985年	サンパウロにて30周年記念OB大会開催
1990年	OB会設立および支援する会準備会開催（その後立ち消え） [入管法規則改正（出稼ぎブーム）]
1993年	連盟のJICA移住事業部助成金停止、東京農大・津川助教授私財供与　[EU発足]
1995年	第25次海外学生総合実習調査団を最後に派遣停止
1997年	連盟本部48期を最後に休止、JICAへ返還 [地球温暖化防止京都議定書採択]
2008年	サンパウロにて50周年記念OB大会
2010年	連盟55周年記念誌1号発刊
2011年	OB会発足大会、西日本支部発足
2013年	連盟OB有志団カナダ訪問
2014年	サンパウロOB慰霊祭開催
2015年	創立60周年記念大会JICA横浜にて開催

参考資料：日本学生海外移住連盟OB会「第5回全国大会」冊子

国々に学生を送り出し、現地の企業や農場で実際に働きながら研究、調査を行った。加盟校も、最も多い時期には七〇校を超え、東京に本部、全国に五支部を置き、直轄校も設立して全国遊説などの普及活動も行った。

以降、途絶えることなく活動を続け、二〇一五年に創立六〇周年を迎えた。この間の主な歴史は年表の通りである。二年に一度、南北アメリカのどこかの都市で、一五〇名程度が集まるOB大会を開催してきた。二〇一五年にブエノスアイレスで開催されたときに作成された資料をみると、アメリカ、ブラジル、メキシコ、アルゼンチン、コスタリカ、ペルー、コロンビア、パラグアイ、チリなど、国別の派遣学生の名前が一覧にされている。これをみてもブラジルが圧倒的に多いことがわかる。

ブラジルでの農業体験

筆者は、一九七四年に行われた連盟の第一五次派遣団に加わりブラジルに渡った。

入国後すぐに外人登録をしたのち、バスで三日かけてアマゾンの河口の都市ベレンに到着し、そこからさらに四五キロ北にある農家に寄宿した。そこは小山氏が経営するコショウの農園で、当時、生産量はブラジル最大で、一億円規模の農業を営んでいた。

ベレンでは、ブラジル移民の山崎氏に出会う。彼は鋼鉄船でアマゾン川を行き来し、河岸の町に寄っては農作物を仕入れ、石けんなどの日常品と交換するビジネスを行っていた。山崎氏は宮崎の出身で、昭和初期に設立された国士舘高等拓殖学校（三二年日本高等拓殖学校に改称）で学び、アマゾナス州ビラ・アマゾニアにあったアマゾニア産業研究所で実習を行ってアマゾン開拓をめざした「高拓生」のひとりである。

ブラジルに派遣された「高拓生」は三〇〇人にのぼり、その後現地に残った人々が、戦後のブラジル移民を助け、支えとなった。なかでも尾山良太氏は、インド産のジュート（黄麻）の種子をまいて、アマゾンで育つ優良品種を発見する。この「尾山種」の栽培によって、アマゾンのジュート産業は飛躍し、ブラジルのコーヒー豆の袋としてブラジルの輸出に大きく貢献することになる。

小山農園に三か月滞在した後、山崎氏の鋼鉄船で、モンテ・アレグレという小さな町を訪問する。この町には、東京農大の卒業生四人が入植し、農協や農園で農業に従事していた。さらに上流のマナウス市近郊には五名の卒業生が入植。モンテ・アレグレとマナウスで数か月ずつ実習を行い、船と軽飛行機とバスを乗り継いでベレンに戻ってきた。この最初のブラジル派遣から四〇年経つが、約三〇〇回のブラジル訪問を行い、東農大卒業生をはじめとする多くの移住者と交流を深めてきたのである。

日系移民の町トメアス

アマゾン地方に、日本人移民が初めて入植したのは、一九二九年である。その三年前には、日本政府の意向を受け、鐘紡がアマゾン開拓のために福原八郎率いる調査団を派遣している。移民先は、パラ州の州都ベレンの町から南へ二三〇キロ離れたトメアスという名の町である。

　同年九月二二日、日本人移民四二家族一八九人を乗せたモンテビオ丸が、神戸港を出港し二か月の航海を経て、トメアスに到着する。彼らを待っていたのは手つかずの原生林であった。伐採と開墾による過酷な労働と、厳しい気象条件やマラリアなどによって、犠牲者や退耕者が後を絶たなかったが、一九三三年に臼井牧之助がシンガポールから持ち込んだ二本のコショウの苗が、トメアスの歴史を変える。

　コショウは「黒いダイヤ」としてトメアスに莫大な富をもたらしたが、後に病害によって壊滅的な被害を受けるなど、変動の激しさというリスクを伴った。この教訓が、後述する複数種の作物を混植する森林農業へと繋がっていく。

　第二次大戦が勃発すると、ブラジル政府はアマゾン全域の日本人の財産を没収し、トメアスに収容する。これによって、トメアスは日系移民の故郷となった。

　トメアスのサントメ墓地には、東京農大に拓殖学科を新設し、後に日伯議連会長として移住地に支援を惜しまなかった千葉三郎、アマゾン開拓を主導した鐘紡の武藤山治社長、調査団を率いた福原八

アマゾン移住関連年表（1908-1940年）

1908（明治41）年	ブラジル第1回移民船「笠戸丸」乗船者781人がサントス港に到着
1922（大正11）年	前田光世（コンデ・コマ）がベレンに定住
1923（大正12）年	パラ州知事が田付駐ブラジル大使に日本人移民によるアマゾン開発を要請
1925（大正14）年	パラ州知事が土地50万ヘクタールの譲渡を確約
1926（大正15）年	鐘淵紡績（鐘紡）株式会社が資金捻出しアマゾンへ福原八郎を団長とする調査団を派遣
1927（昭和２）年	山西源三郎と粟津金六がアマゾナス州の土地100万ヘクタールの譲渡契約を結ぶ
1928（昭和３）年	田中義一首相兼外務大臣が「南米アマゾン川流域開拓問題協議会」を開催。南米拓殖（南拓）株式会社設立。アマゾン興業株式会社設立
1929（昭和４）年	拓務省設立。南米拓殖株式会社派遣第1回入植者189名がアラカ植民地（トメアス）に到着
1930（昭和５）年	国士舘高等拓殖学校創立（32年、日本高等拓殖学校に改称）。上塚司、アマゾナス州パリンチンスにアマゾニア産業研究所を設立。アマゾン興業株式会社第1次隊マウエス入植
1931（昭和６）年	高拓第1回生がパリンチンスのビラアマゾニアに到着。大阪YMCA海外協会による「アマゾン開拓青年団」がパラ州モンテアレグレに入植。アカラ野菜組合結成される
1932（昭和７）年	崎山比佐衛（海外殖民学校校長）が一族10名とともにマウエス入植
1933（昭和８）年	臼井牧之助が南洋種コショウ苗20本を持ち込む
1934（昭和９）年	尾山良太農場（アマゾニア産業研究所にてジュート麻の優良品種が発見され「尾山種」と命名される
1935（昭和10）年	南米拓殖株式会社が事業を大幅に縮小。アカラ野菜組合、アカラ産業組合に改組
1936（昭和11）年	アマゾニア産業株式会社設立
1940（昭和15）年	アマゾン興業株式会社がアマゾニア産業研究所に吸収合併される

トメアスのサントメ墓地。千葉三郎、武藤山治、福原八郎、臼井牧之助、杉野忠夫らの墓がある

トメアスの「日本公園」に立つ千葉三郎の銅像

トメアスの町の様子。この道は「千葉三郎通り」と呼ばれる

郎、コショウをもたらした臼井牧之助、東京農大拓殖科初代学科長の杉野忠夫の五人の墓がある。「第二の故郷」であるトメアスに自らの墓を建てようと発案したのは、千葉三郎氏であった。

福原は、南拓社長としてベレンに駐在したが、調査不足を問われ、失意の内にこの世を去った。鐘紡の武藤山治は、一九三〇年に社長を辞した後、福沢諭吉が創立した時事新報社長となり帝人事件を通して政財界の腐敗を糾弾していた最中、三四年に鎌倉の別邸を出たところで狙撃され死去した。翌三五年に南拓本社は植民事業を断念し、福原社長は引責辞任した。武藤の墓には血染めの砂が納められ、千葉、臼井、杉野三氏は死後、実際に分骨し、納骨法要が行われている。

アグロフォレストリーの思想

トメアスで普及し、世界的な注目を集める「アグロフォレストリー（森林農業）」を考案したのは、東京農大出身（林学、一九五六年卒業）の坂口陞（のぼる）氏である。コショウの被害で、単一栽培のリスクを痛感した教訓からこの農法は生まれた。生前、坂口氏は次のように語っている。

私たちは、原始林を伐採し、コショウを植えたが、土壌の健康を悪化させてしまい立ち枯れを起こした。一方、昔から住んでいるブラジル人の生活を見ると、樹木からの恵みを糧に生活している。つまり、人間は熱帯に挑んだが敗北したとい

アサイーの実と製品（写真：フルッタフルッタ社）

アグロフォレストリーによるアサイーの栽培

う反省からでなければ、農業という営みはできない。

アグロフォレストリーを生み出した思想には、トメアス・本願寺の三代目住職であった坂口氏の仏教的自然観が息づいている。

アマゾニア農業大学のトメアスキャンパスには、坂口家から寄贈された八ヘクタールの農地があり、二〇一二年その土地に校舎が完成。その式典で、子息の坂口渡フランシスコ氏（前農協理事長）に、トメアス生まれの日系二世である沼沢学長から感謝状が贈られた。

東京農大は、二〇一三年にアマゾニア農業大学と協定校提携を結び、翌年から「ブラジル短期実習留学プログラム」を実施しており、学生はこの実習地でアグロフォレストリーを体験することができる。

一方、東京農大でも南米から留学生を受け入れており、現在、ブラジルから二名、アルゼンチン、パラグアイから各一名が入学し、四年間の学費免除で、寮も用意されている。

アグロフォレストリーは、もともと同じ土地でいろいろな作物を混植し、畑から常に収穫があるように組み合わせた農法である。例えば、成長の早いバナナやパッションフルーツなどの果実類と、遅いヤシなどを組み合わせて栽培する。

近年注目されているアサイー（ブラジル・アマゾン原産のヤシ科の植物）は、トメアスのアグロフォレストリーによる代表的な作物のひとつである。アサイーの果実は、含有量がココアの約四・五倍、ブルーベリーの一八倍といわれるポリフェノールをはじめ、鉄分、食物繊維、カルシウムなどが豊富で注目されている。日系人で

日系人で組織されるトメアス農業協同組合の本部（右）とコショウの受入・選別をする建物

ガソリン＆エタノール給油所の看板（ブラジリア市内）

●ブラジルの全生産高に占める日系農家の生産割合

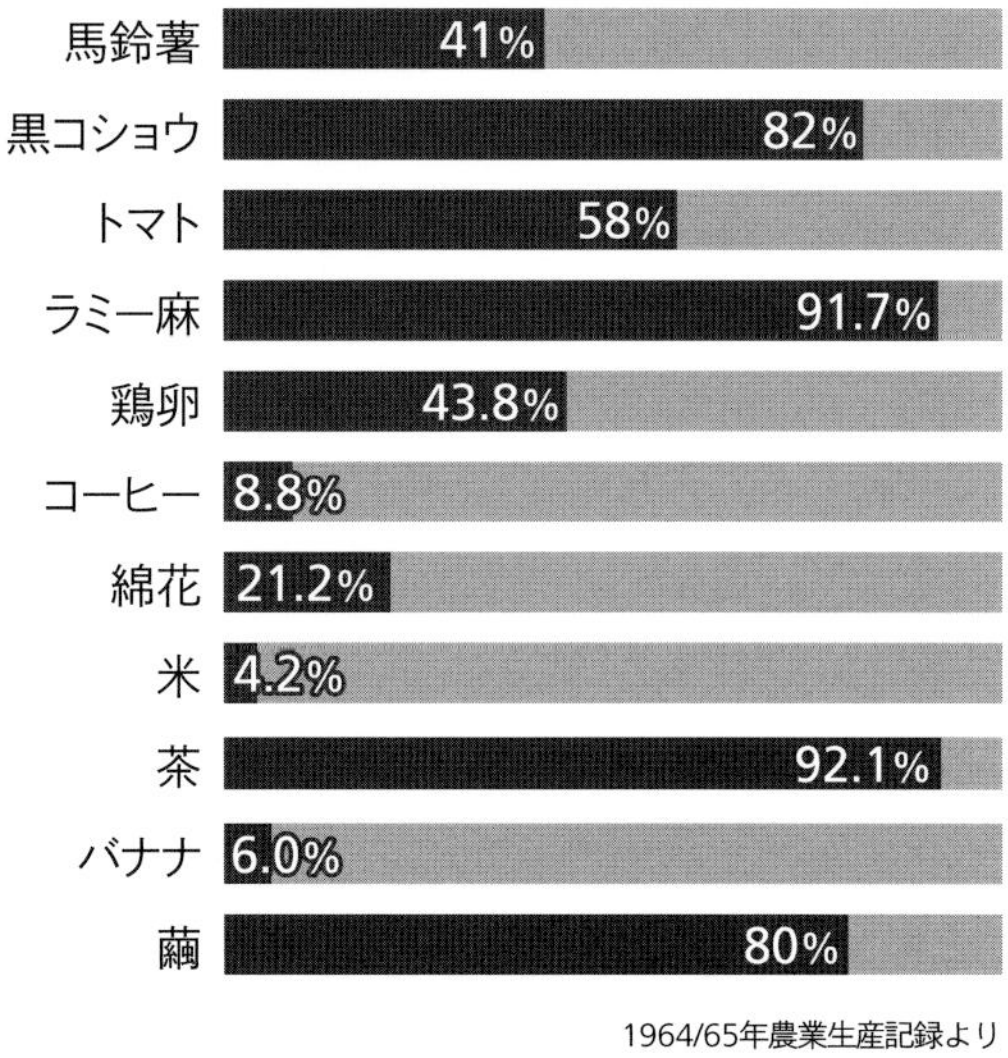

1964/65年農業生産記録より

組織されるトメアス農協が扱うアサイーは東京に本社をもつ企業フルッタフルッタによって、日本をはじめ世界中に輸出されている。

ブラジル農業における日系人の貢献

一九六四／六五年の農業生産記録を見ると、ブラジルの全生産高に占める日系農家の生産割合を知ることができる。

重要なことは、当時全ブラジル農業人口に占める日系人の割合は〇・七パーセントということである。また、販売、購買、信用業務を行う農業協同組合の設立にも、日系農家が大きく貢献した。すでにヨーロッパ移民の協同組合もあったが、主に生産、販売だけを目的にした組織とは性格を異にしていた。歴史的に見ても、一九七四年に着手された「日本ブラジルセラード農業開発事業」は二五年続き、ブラジルを大豆生産で世界第二位に押し上げた。

新種作物の導入、生産技術の確立など、ブラジルにおける日本人移住者の農業貢献ははかりしれないものがある。

ブラジルのバイオエネルギー戦略は、バイオディーゼルなどのバイオ燃料の原料増産にかかっている。ガソリンとエタノールの混合に適応できる「フレックス車」は、二〇一三年には国内の登録車両の五割を超えた。また、ブラジルは航空機生産で世界第三位を誇り、航空機のためのバイオ燃料もいずれ実用化されるであろう。

こうしたブラジルのエコアクションの背景には、日本人入植者の歴史や思想、それを支援した日本との深い交流が息づいていると言えるだろう。

column

日本とブラジルの架け橋として37年

2014年のサッカー・ワールドカップに続き、今夏のリオ五輪を控えて多忙を極める南米専門の旅行会社「アルファインテル」社は、1979年の創業。創業当時の1970年代終わり、ブラジルに移住した日本人の2世による祖国訪問ブームが起こり、日本とブラジル双方を訪れる旅の企画を展開。以来、37年にわたり、ブラジルをはじめとした南米諸国と日本をつなぐ架け橋となってきた。その背景には、本稿で語られているように、佐藤貞茂社長が「拓殖」の二文字に憧れて入学した東京農業大学が輩出した、数百人にのぼるブラジル移住者の人脈がある。現在、同社は観光やスポーツ観戦だけでなく、文化・学術交換からアグロツーリズムまで、幅広い分野で日伯交流を支援している。

株式会社アルファインテル
〒105-0004　東京都港区新橋 3-8-6 大新ビル3階
Tel：03-5473-0541　FAX：03-5473-0540
http://alfainter.co.jp

南米に関する資料や特産品のコーナーにたつ佐藤貞茂社長

アルファインテルのオフィスにて（東京・新橋）

Photos：CCBJ

ミニ連載① ヴィンテージ・アナログの世界

レコード・レーベルの黄金期9

高荷洋一 エテルナトレーディング代表

Photos by Yuki Akaba

ロシアのレーベルから「メロディア」を取り上げる。ＬＰの歴史は東西冷戦の時代と重なっており、当時のソ連を欧州レーベルとひとまとめにすることはできない。多くの点で英国、ドイツ、フランスなど西側レーベルとは規格が異なるからだ。

しかしアメリカと世界を二分してきた大国であり芸術発信の超大国でもあるソ連は、少なくとも一九八〇年時点で五万種、二〇億枚以上のＬＰ生産を行なっていたとされる。しかしその実態は今もってベールに包まれ、謎に満ちている。東欧諸国と同様、ソ連のレコード会社は国営企業であるメロディアのみである。ただし、これはメロディア・レーベルに統一された一九六四年以降のことで、それ以前はレコーディング・スタジオがあったモスクワ、レニングラード、リガ、タリン、ビリニュスの五か所に工場があり、異なるレーベルで生産を行なっていた。

そのためメロディア統一以前には、少なくとも一〇種のレーベル名が存在し、一一二種以上の異なるレーベル・デザインが作られた。これらを「プレ・メロディア」と呼ぶ。

それらが一九六四年に国営企業に統合され、類似したデザイン一〇種に絞られた。どのデザインにも「ＭＥＬＯＤＩＹＡ」のキリル文字が円弧状に配置されている。これら全てのロシア・レーベルを「メロディア」として扱うことが西側の常識として運用されてきた。日本に入ってきたのは一九七〇年代の新譜からで、レーベルも数種のみだった。当社は二〇年以上西側経由で輸入してきたが、それでも全容解明には程遠いのが現状である。

ロシア（ソ連）におけるＬＰ生産は西側同様一九五一年からである。一九一九年に生産が開始されたＳＰは、一九七〇年頃まで家庭で楽しまれていたらしい。そのため、ロシアのＳＰとＬＰは同じＬＰ用の針で再生可能な場合が多い。ステレオ録音も一九六一年から始まるが、数は限られる。モノラルが主力のレーベルといえる。ジャケットは一九七〇年代後半まで、汎用のカラーデザインが印刷されただけの貧相な紙袋で、レコード盤を見なければ曲がわからない。袋は直ぐに破れてしまい、古いＬＰは外装だけでは商品価値が伝わってこない。しかしひとたび聴けば、その高品位な芸術性と最高ランクのモノラル再生音によって、「メロディア」の虜になり、「メロディア」しか集めなくなるレコードマニアが相次いだ。それほどに旧ソ連には高度なクラシック演奏があまた存在していたのであり、我々はいまやその一端を知ることしかできない。

お国柄ロシア作品が中心と思いきや、ベートーヴェン、ブラームスなどの古典派、ロマン派からバロック、現代作品まで実に幅広い。なかでもピアニストの層の厚さは圧倒的で一九九二年に佐藤泰一氏が著した『ロシア・ピアニズムの系譜』は二〇〇六年増補版が出版され日本にロシアン・スクールのブームを起した。この書によって初めてピアノ世界がロシア人抜きで成立しないことを知ったのである。近年これらの一部がＣＤでも発売され、ファンが広がっている。

「メロディア」はこれから研究される対象であり、あと一〇年早くソ連が崩壊したならクラシックレコードの世界は別の様相を呈していたにちがいない。

RIGAは、現在ラトビア共和国として独立したバルト海に面した地域の工場で作られた。これは1968年発売のLP。RIGAのデザインは12種以上ある。この袋も当時のRIGA工場の製造でLIGOのロゴが付く。曲は、オイストラフ親子によるバッハのヴァイオリン協奏曲2曲。父ダヴィットが2番のB.1042、息子イーゴリはチェンバロ協奏曲1番の編曲B.1052を弾く。指揮はロシアの重鎮ルドルフ・バルシャイ。モスクワ室内管弦楽団。モノラル録音である。同一内容のLPが形を変え、少なくとも5つの異なる工場、デザインのレーベルで発売された。従って同じ番号でも音質など異なる。袋も同じ物が2つとないのがプレ・メロディアの面白いところ。

アプレレフカはモスクワ近郊の工場で生産された、プレ・メロディアの主力グループ。トーチ、Dolgoigrayushaya、CCCPの3種のレーベルが作られたメインの工場。これはCCCPで「灯台」などとも呼ばれ、デザインと色の組み合わせで12種以上存在する。曲は、ロジェストヴェンスキー指揮ソビエト国立管弦楽団によるプロコフィエフの交響曲4番。1959年発売のモノラル録音。工場違い、レーベル・デザイン違いなど合わせて20種類近いバリエーションが存在するはずだが、我々専門家でも目にしたのはほんの一部。

ACCORDと呼ばれるレニングラードの工場で作られたLP。この工場では他に「Λ 3」と「33」のロゴをあしらった2種のラインナップがあり、レーベル数では群を抜く主力工場だった。ACCORDは特に音質の良さに定評があり、同じ内容ならより高額で取引された。ACCORDだけで最低6種のバリエーションがあるが全て黄色を使うのが共通。曲は、エミール・ギレリス（ピアノ）によるモーツァルトのピアノ協奏曲21番とハイドンのピアノ協奏曲のカップリング。オケはバルシャイ指揮モスクワ室内管弦楽団で1959年発売。1970年になってステレオ版も別番号で発売された。ギレリスはオイストラフとともに西側渡航を許された例外的音楽家。

ACCORDと同じレニングラード工場。レーベル上部にΛ３ロゴが付くタイプが13種、付かないタイプ（33のロゴが二重線）が８種存在する。これは「ラージ・ピンク・33」と呼ばれ、IP １と分類（アメリカの研究者による）。曲は、ルドルフ・バルシャイ指揮モスクワ室内管弦楽団によるモーツァルトのディヴェルティメント７番、アルビノーニ、ヴィヴァルディの協奏曲。1958年のモノラル発売。袋については多くの種類が存在するが、定まった決まりはなく、適当に入っている。そのため、袋のロゴとレーベルのロゴが合わないことが多い。これは文字と３色使いの比較的綺麗なタイプの袋で珍しい。どの袋も低品質で簡素なため、ほとんどが流通過程で破れてしまい、西側ではチープ・レーベルの烙印を押された歴史がある。

通称MKと呼ばれるメジュナロドナーヤ・クニーガ（全ソ連図書輸出入公団）。英訳でインターナショナル・ブック、つまり輸出用レーベルである。決まった工場ではなく各工場でそれぞれ作られ、統一ロゴを付けるので、工場は特定できない。ロゴは開いた本のページの左上にMKの文字が乗る。色違いが10種類ほどあるが全て同じデザイン。英語で表示されているので曲名がわかる。基本的に音質は当該工場の国内用レーベルと同じとされるが、聴いた印象では国内用が勝るようだ。曲は、メンデルスゾーンの序曲集で「フィンガルの洞窟」など全４曲。L.ギンズブルク他３人の指揮者によるソヴィエト国立放送交響楽団。1957年モノラルで発売。

最後は統一後のMELODIYA。1965年発売のモノラル。統一ロゴは10種程度あるが大きく２種に分類できる。1964〜73年頃、文字が二重線になったダブル・レター（筆者命名・業界普及）でピンク、黄、青、白の４色を確認。1973年頃からは文字を塗り潰したシングル・レターになり、４色の他、赤、黒を確認している。日本に輸入されたのはこの時期から。曲は、ベートーヴェンの交響曲４番。キリル・コンドラシン指揮、モスクワフィル。ステレオ版も同時発売。付随する文字からアプレレフカのモスクワ工場と判明。統一後は一般的なジャケットも登場するが、袋入りも70年代後半まで国内では続いた。このレーベルはデジタルも含めソ連崩壊まで生き延びた。

近代数寄者と書 ③

益田鈍翁と「益田本和漢朗詠集」

恵美千鶴子

えみ・ちづこ
東京国立博物館・研究員。千葉大学大学院で日本近代美術史を専攻し、近年は書の鑑賞史を専門に研究。東博では古筆の展示および、同館150年史編纂の準備に携わる。今年8月23日から10月16日まで東博・本館特別1室で開催予定の特集展示「藤原行成の書　その流行と伝称」を計画中。

　近代数寄者といえば、益田鈍翁（孝、一八四八〜一九三八）をあげねばならない。三井物産社長から三井合名会社につとめ、三井財閥で活躍した益田鈍翁は、明治・大正・昭和初期の茶の湯を牽引した人物と言っても過言ではないだろう。その益田の名を唯一かかげる古筆が、今回取り上げる重要文化財「和漢朗詠集巻下」、通称「益田本和漢朗詠集」である。

　益田本和漢朗詠集は、もともと「股野朗詠」とも呼ばれていた。股野藍田（琢、一八三九〜一九二一）が所蔵していたからである。股野は、明治三三（一九〇〇）年から大正六（一九一七）年まで帝室博物館（東京国立博物館の前身）の総長をつとめた人物で、儒者であり古書画の蒐集もしていた。大正四（一九一五）年九月に発行された雑誌『書苑』では、この益田本和漢朗詠集が股野所蔵として掲載されているが、翌大正五（一九一六）年七月に行われた茶会では、益田所蔵として益田本和漢朗詠集が披露された（高橋箒庵『東都茶会記』）。大正四年九月から大正五年の六月までの間に、股野から益田に所蔵が移ったということになる。

　益田本和漢朗詠集は、『和漢朗詠集』を書写した巻子本（巻物）である。通常の巻子本は、横に長い形の料紙の端を糊でとめて継いでいる場合が多いが、益田本は正方形に近い形の料紙を継いでいる。それは、唐紙や染紙、蝋箋、雲紙など多種多様な装飾料紙を、正方形にして継ぎ合わせることで、たくさん使って華やかに見せる演出であった。その料紙に書写された書については、先述の雑誌『書苑』の解説で、大口周魚（鯛二、一八六四〜一九二〇）が「此の朗詠の書風は、仮字（仮名）の方殊に優れて、真字（漢字）に勝る事数等なるが如し」（カッコ内は筆者の注記）と述べている。大口は、益田本の仮名をとくに優れていると評価したのだ。この大口については、本連載でも紹介したが（二〇一四年、五九号）、宮内省御歌所につとめた歌人で、古筆研究家でもあり、「本願寺本三十六人家集」（国宝、西本願寺所蔵）を明治二九（一八九七）年に発見した人物である。大口が作った手鑑「月台」（重要文化財、東京国立博物館蔵）を見ると、益田本和漢朗詠集と同じ古筆切が二葉も収められていた。益田本和漢朗詠集は『和漢朗詠集』の巻下だが、「月台」に収められた二葉は巻上の断簡である。『和漢朗詠集』の巻上は、季節を詠った詩歌でまとめられているため、江戸時代には分割されて、茶会などで使われていたのだろう。「月台」に二葉も収めたのは、大口周魚も益田本和漢朗詠集をよほど気に入ったためと考えられる。

　書家であり古筆の研究もしていた

飯島春敬（一九〇六〜九六）が、次のように述べた（「古筆について」『わかたけ帖』昭和二七年）。

> 明治のごく初年に宍戸環氏が伝紀貫之筆の高野切を一紙六円でも買ふのは厭だと云っていたのを、島田番根氏は日本の古い名筆だからと厭がるものを無理矢理にすすめて買はしてしまったといふ有様だった。それがもはや明治二十年代以後になるとだいぶ様子が変って来て、赤星弥之助、柏木貨一郎、関戸守彦、益田孝、吉田丹左衛門氏等によって優品のとりっこが始められた。隆能源氏物語絵巻を益田氏が、所有者たる柏木氏から死んだら貰う約束をしたり、又、伝公任筆太田切の零巻二本を岩崎氏にとられたので、益田氏が伝道風筆本阿弥切一巻を当時随一の高価である八百円で、風月堂の大住清白氏から買ったり賑やかなことになりつつあった。

ここでは、益田が、現在国宝である「源氏物語絵巻」（五島美術館所蔵分）を柏木貨一郎から譲り受けた有名な話が出てくるが、注目したいのは、「太田切」や「本阿弥切」などの古筆も「とりっこ」（取り合い）していたという点である。明治時代に入って、それほど高い評価を受けていなかった古筆が、益田たち近代数寄者によって「八百円」という高値が付けられるようになったのだ。彼らは「石山切」や「佐竹本三十六歌仙」を分割し合っていて、ある意味では作品の保存について考えていないかのように見えるが、分割して古筆切となることで、茶会で活用され、その古筆切の価値を高めることになった。それが結果的に、古筆切の保存に大いに寄与することになっていった。

明治時代に入って、社会の変化にともなって古美術や文化財の状況にも大きな変化が訪れるなかで、西洋の考え方を輸入した「美術」という言葉が生み出されて、書は、「美術」からはずされようとしていた。そういった環境のなかで、益田鈍翁をはじめとする近代数寄者たちが、名筆の取り合いをしたのである。近代数寄者が蒐集した名筆が、例えば、根津美術館や畠山記念館のように、個人美術館に収蔵されて現在も伝わってきている。益田自身が蒐集した古美術品は、益田の没後に売りに出されてしまったが、益田がそれらの価値を認知させたために、現在も各所蔵者が大切に保管している。益田鈍翁の功績はさまざまにあるだろうが、書を扱う立場から考えると、益田鈍翁は「書の恩人」であると言いたい。

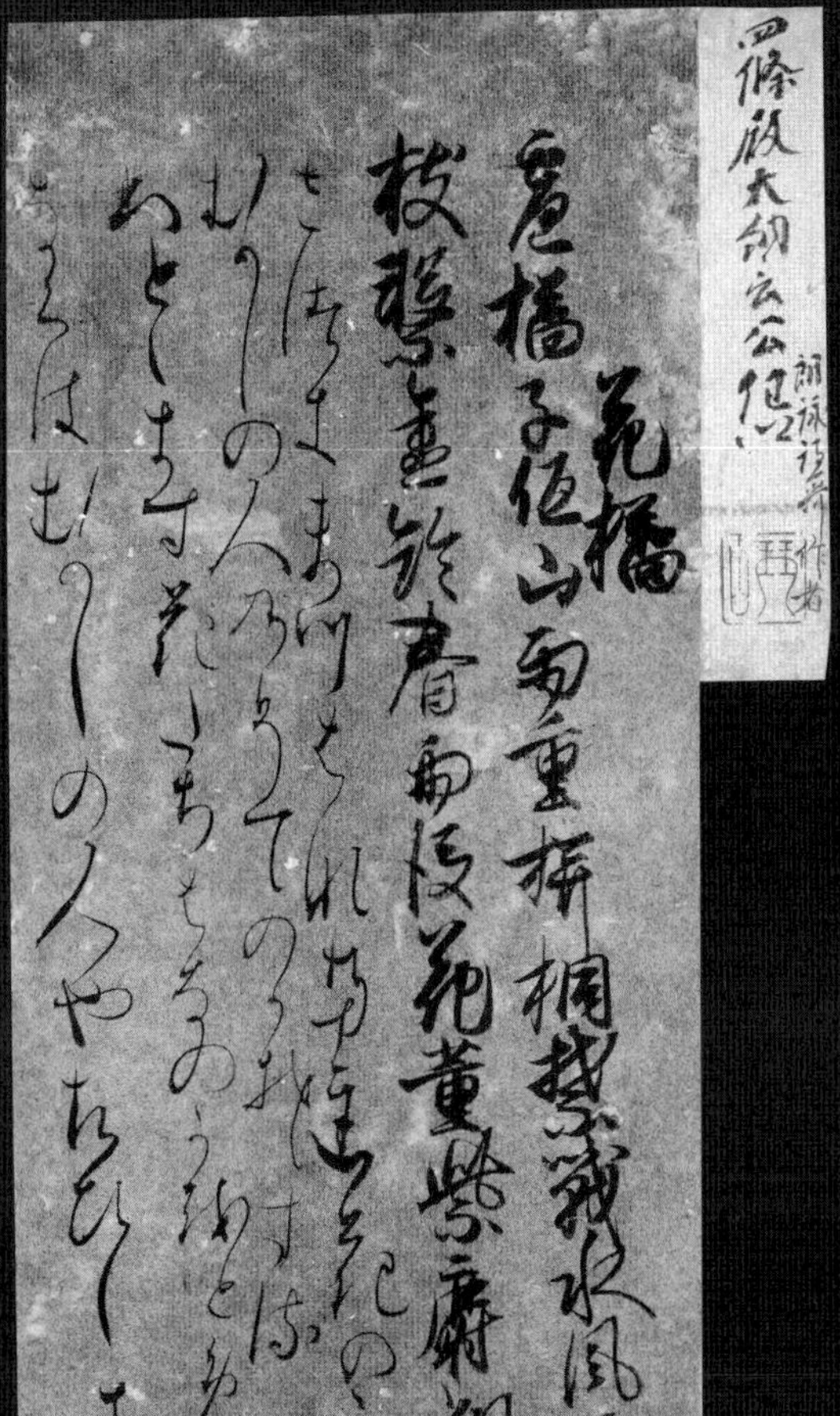

手鑑「月台」（重要文化財）より
和漢朗詠集巻上断簡（益田本）
東京国立博物館蔵

九夏三伏之暑月竹含錯午之風玄冬素
雪之寒朝松彰君子之徳　河原院賦　順

十八公榮霜後露　一千年色雪中深　順

含雨嶺松天更霽　焼秋林葉火還寒　紀

ときはなる松のみとりも春くれは
今ひとしほの色まさりけり　源宗于

われみてもひさしくなりぬすみよしの
きしのひめまついくよへぬらん　大同少納言

あまくたるあら人神のあひおひを
おもへはひさしすみよしの松　安法

竹

煙葉蒙籠侵夜色　風枝蕭颯欲秋聲　白

阮籍嘯場人歩月　子猷看處鳥棲煙　章孝標

晉騎兵參軍王子猷栽稱此君　唐太子賓

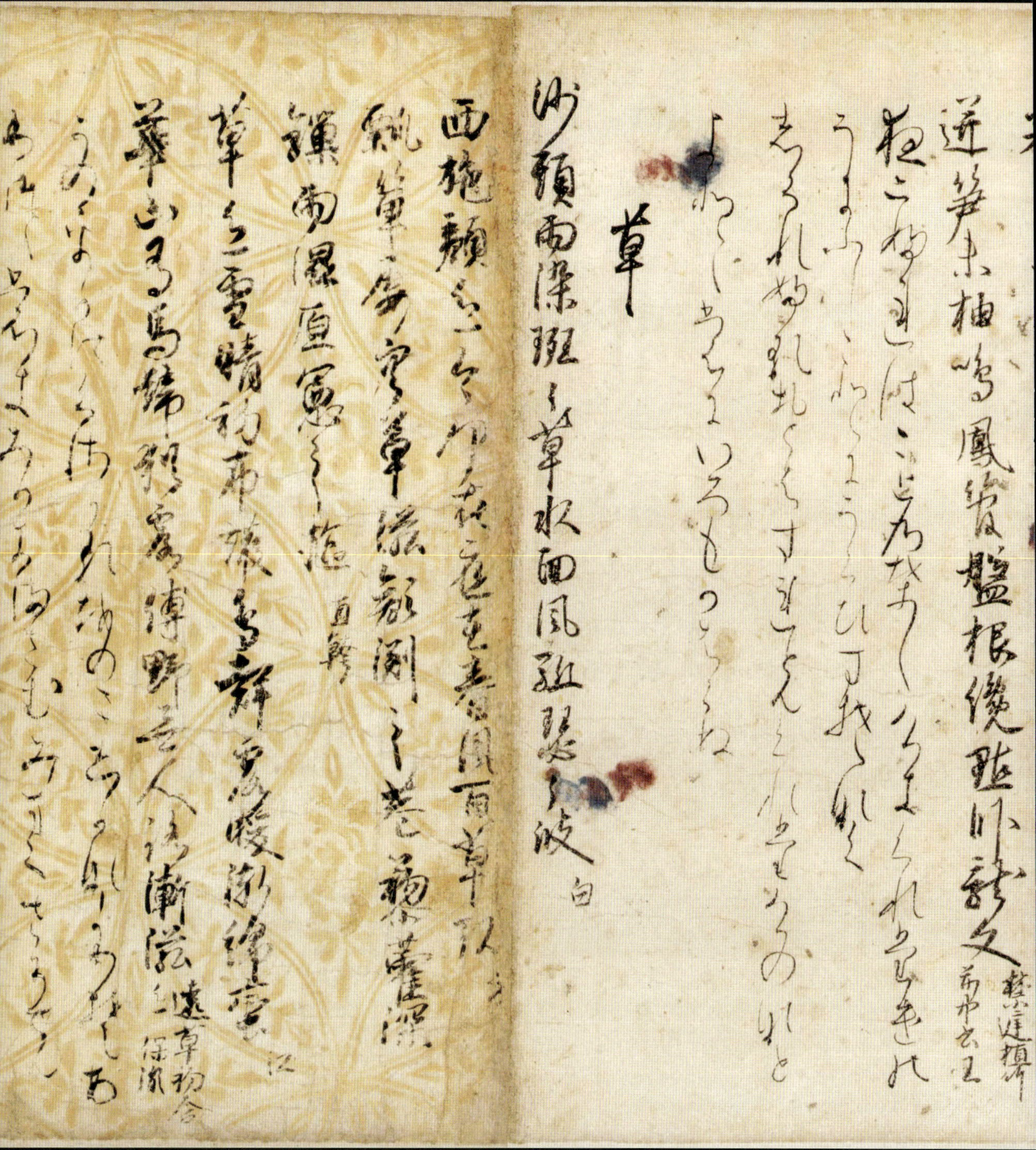

益田本和漢朗詠集（重要文化財）伝藤原公任筆、平安時代・11世紀 東京国立博物館蔵

コミュニティデザイン学科通信③

大学生のアタマのなかを覗いてみた

出野紀子

学びの成果を発表する

山形に来て二年目の冬を迎えました。今年は全国的に異常気象が続き、山形でも例年に比べるとかなり雪が少ないようです。晴れて澄みきった日には、遠くに見える山々の、白と黒のコントラストが美しく、研究室を抜けだして間近でみたくなる衝動にかられます。

この時期は、卒業制作を発表する「卒展」が開かれます。四年生は、大学生活の集大成として残り少ない学生生活を制作に捧げ、下級生はその

学科展示の準備で、教員にアドバイスをもらう

四年生を支えながら数年後の自分の姿を想像しています。今年は、プロダクトデザイン学科の学生が制作した「書き時計」が話題になったことで、卒展は会場の外に大行列ができるほどの賑わいとなりました。

発足二年目のコミュニティデザイン学科には、卒業生はまだいませんが、これまで二学年分の学びの成果を展示しました。この展示は、学生自身が企画運営を担当し、私たち教員はオブザーバーに徹するというやり方で進めました。何をどうみせるか、伝えるか。試行錯誤の連続がひと月ほど続きました。展示を見ると二年間で学生が多くを学んだことがわかりました。

なかでも、学生が使う語彙が格段に増えてきたことは、少し驚きでした。そこで今回から、「言葉」をテーマに、コミュニティデザインの世界に飛び込んだ学生たちが、何を考えているのか探ってみたいと思います。

大学生のアタマのなかを覗いてみた

コミュニティデザイン学科では、SNSを通信手段に活用しています。学生間はもちろん、教員と学生、教員同士でも。なかでも効果を発揮しているのは、コミュニティデザインの実践でのコミュニケーションです。まちづくりの現場では、学生と住民がいつも近くにいて、直接会話したり情報交換をすることはできません。また、一対一の通信ではなく、同時

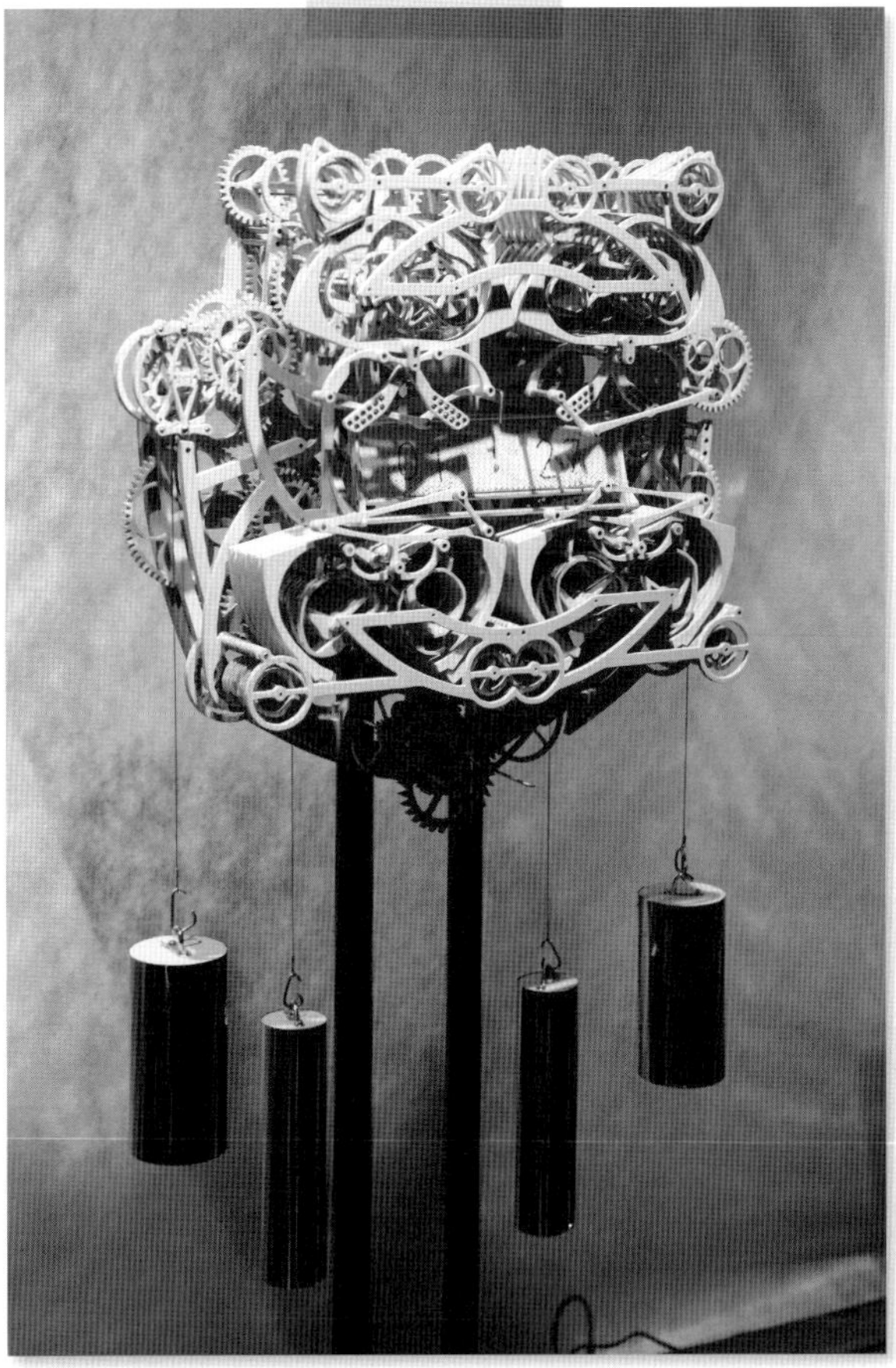

プロダクトデザイン学科の鈴木完吾君が制作した「書き時計」。時計とからくり人形の構造を組み合わせた400を超える木製部品からなり、重りで歯車が回り、1分ごとにボードに時刻を記す
写真提供：東北芸術工科大学

コミュニティデザイン学科のパネル展示

表1

12のカテゴリー	
東北芸術工科大学の理念	主体形成
コミュニティデザイン学科のマインド	コミュニティ
コミュニケーション	社会教育
デザイン	公共
思考	人物
調査	コミュニティデザインを通じて目指したいこと

に複数のメンバーで情報共有したり、意見交換できるのがとても便利です。こうした利点をふまえ、普段からSNSでのやりとりや、活用方法に慣れておくために、学科内でもSNSを利用しているのです。

今回、このSNSを利用して、学科の学生全員にアンケートを実施しました。アンケートはSNSが得意とする機能のひとつでもあります。問いは、「この二年間で学んだコミュニティデザインに関するキーワードをあげる」というものです。大学はすでに冬季休暇に入っていたにもかかわらず、連日回答が寄せられ、大晦日や元旦も続き、休み明けには総数一五七種類の言葉が集まりました。

ランダムに寄せられたキーワードを分類してみると、コミュニティデザインを実践するための技術や思考や思想、誰かが提唱した言葉、人名、場所など大きく一二のカテゴリーになりました。一二個のカテゴリーをまとめたのが表1です。

どんな言葉が出てくるのか、興味津々でしたが、地域住民とのコミュニケーションや、社会の潮流を反映した思考や方法論など、学問として知っておくべき専門用語はもちろん、コミュニティデザインを学ぶ姿勢やマインドに関する言葉も数多く寄せられ、この年齢のもつ旺盛な好奇心と吸収力を痛感させられました。

今回は、寄せられたキーワードのなかから、コミュニティデザイン学科ならではの三つの言葉――「二つのソウゾウリョク」「愛」「自分ごと」を紹介します。

「二つのソウゾウリョク」

東北芸術工科大学は、大学入学を希望する人に向けて、こんなメッセージを伝えています。

「〈ソウゾウリョク〉の目的は、人生を豊かに生きて、そして自分も他者も幸せにする、そんな能力を発揮していくことです。イメージする力で他者の苦しみを理解し、また難しい問題を解決できる、真の〈ソウゾウリョク〉を持った人材が、日本にも海外にも必要なのです」

「ワークショップ」という言葉も、自分たちの言葉で説明できるようになってきた

デザイン思考ワークショップの
成果物を学科展示にも出展

ワークショップを通じて２年間の学びとこれからの目標を考える

学生があげた「ふたつのソウゾウリョク」とは、この文章に基づくもので、漢字で書けば「想像力」と「創造力」となります。

これらがなぜ、コミュニティデザインのキーワードとして挙げられたかといえば、まちづくりで重要な姿勢が、このふたつに集約されているからです。コミュニティデザインの現場では、相手を慮ることがとても重要になります。例えば、ワークショップを計画する際も、まず開催時期はいつがよいか（この時期は稲刈りだから忙しいので外そう）、テーマはなにがよいか（先日の議論した内容を実行に移してみよう）など、さまざまな点で、参加者の気持ちや状況を「想像」しながらプログラムを「創造」していく必要があります。さらに、地域が抱える問題を乗り越えるには、解決策を生み出す創造力が問われます。学生は、大学で学ぶ中ではしばしば「ソウゾウリョク」の重要性を思い知らされます。

絵を描くことが好きで、何かを造形するのが好きで、かっこいいデザインが好きで入学を希望した学生が、「イメージする力で他者の苦しみを理解」するため「ソウゾウリョク」をもてと問いかけられ、大いに面食らったことでしょう。しかし、社会で活躍する頃、この「ソウゾウリョク」が大きな力を発揮することを、四年をかけて学生たちは学んでいくのです。

「愛」

もうひとつ、学生が大学の理念と関連させて選んだキーワードは「愛」。大学の正面玄関を入ってすぐのところの天井に大きく掲げられている言葉「愛がたりない　だからこの大学がある」からきているのだと思います。

高校時代に、キャンパス視察でこの言葉を見て入学を決めたという学生がコミュニティデザイン学科にいます。彼女は、そのときの衝撃を忘れられないと言います。そして、「コミュニティデザイン学科」という未知の分野にたいしても、自分の学びの場であると確信をもつことができたそうです。

学生の中には、複雑なバックグラウンドを抱えて入学してくる人もいます。家庭環境やいじめ、発達障害などの健康に関することなど、自分だけでは解決できない悩みを抱えた経験がある学生は、人との関係性に悩む傾向にあります。

しかし、コミュニティデザインでは、コミュニケーションの手法を学び、初対面であっても、相手の本音を引き出していかなくてはなりません。人との関係性を築いていくことは、この学科でもっとも重要なスキルのひとつだからです。またそれが悩みとなる場合もありますが、多くは、周りにいる学生や教職員、地域に出れば住民と接することで免疫ができていきます。そうした過程で、「愛」の正体がなんとなくわかってきます。

コミュニティデザイン学科の一年生の授業に、デザイン思考ワークショップとソーシャルデザイン概論があります。最初の授業で「デザイン」をめぐる言葉を集める課題があるのですが、「デザインとは愛」や「デザインとは、誰かを愛すること」などをあげる学生が多くいます。

最近の大学生は衒いなく「愛」という言葉をつかいますが、最初の授

1年次の授業「デザイン思考ワークショップ」

業で集めた「愛」の本当の力を知るには、これからの修行にかかっています。そして、その修行で得た愛を、社会に出た時に恩返しできるようになっていたら、本当に愛を理解したことになるでしょう。

「自分ごと」

前回の学科通信で、学生は高校生から大学生に変わったときに「教わる」から「学ぶ」に変換することが難しいようだ、と書きました。このことを実感できるようになるのも、自分の周囲や遠くで起きていることも自分のことのように捉えることができるようになるからでしょう。最後に学生が選んだキーワードは「自分ごと（ジブンゴト、と書いていました）」です。

このキーワードを選んだ福島出身の学生が、選んだ理由を以下のように添えてくれました。

「自分ごと」をテーマにした展示。テーマカラーやロゴにも時間をかけた

私が「ジブンゴト」という言葉を知ったのは、大学に入学するよりずっと前だったと思います。東日本大震災があって、福島は「被災地」と言われるようになりましたが、私は内陸部に住んでいて被害もそう大きくなかったので、被災地である実感もそんなにないまま過ごしていました。

そんなとき、2015年の２月に神戸のKITTOで行われた「未来会議」という震災について考えるワークショップに参加しました。そこで被災地のためにと活動しているたくさんの方にあって、「ヨソの人はこんなに被災地のために活動してくれているのに、どうして自分は何もできずにいるんだろう」と思い、初めて「震災」や「被災地」について意識し始めました。たぶん、自分が東日本大震災を「ジブンゴト」としてとらえたのはそのときからです。

そして、それが私にとってはかなりショックで、四年のあいだ自分は福島で何をしてきたのだろうという気持ちになり、友人に電話しながら泣いてました（笑）。そしてこの学科に入学し「ジブンゴト」にすることの難しさを痛感しています。（中略）ジブンゴトは「思いやり」に近いものだと考えるようになり、まずは相手を思いやる広い心をもちたいと、いつも思います。【註1】

コラム

studio-L
プロデュース

秋田市に暮らす65歳以上の先輩たち29名、2240歳分のライフスタイルを紹介する異色の展覧会
「2240歳スタイル 時間を味方にする人生の先輩たち」

秋田市の事業で、高齢者（私たちは親しみと敬意を込めて先輩と呼ぶ）の生活や彼らの思いを紹介する展覧会を開催しました。約半年間かけて、29人の先輩に会い、彼らの生活ぶりやこれまでの人生そして今、これからのことを聞かせてもらいました。先輩方の年齢の合計が2240歳。先輩の人生を疑似体験できる「先輩の人生すごろく」や先輩たちが発した含蓄ある言葉をおみくじにした「先輩の人生の言葉みくじ」など、秋田市民が考えたアイディア企画もいっぱい。秋田市出身の芸工大1年生がイラストを担当しています。来年度は、この調査の結果を生かして、彼らを支え、そして活躍できる機会を生み出すしくみを考えていきます。

会期 2016年3月9日～3月21日
会場 秋田県立美術館県民ギャラリー1階

1

2

3

4

5

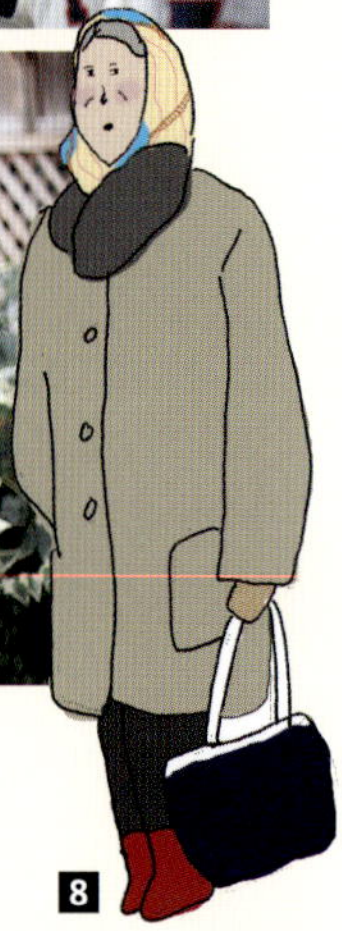
8

6

7

8

1 タンスの中を拝見！ **2** 冷蔵庫の中身を拝見！ **3** 秋田が誇る500歳野球のメンバー（チームの年齢合計が500歳以上でないと試合できない） **4** ふだんの料理の様子を拝見！ **5** 先輩のライフスタイルを拝見！ **6** 買い物籠の中身も拝見！ **7** 展覧会を盛り上げる企画を秋田市民のみんなで考える **8** 秋田公立美術大学の学生が先輩たちの服装を路上観察。芸工大の学生がイラストに起こした

「自分ごと」という言葉は造語で、広辞苑には収録されていません。『実用日本語表現辞典』によれば「他人事ではない事柄、まさに自分に関係ある事柄、といった意味で用いられることのある言い回し」とあります。学生が被災したにもかかわらず、自分のこととして捉えられなかったことにはその時の心的ショックや環境など、単に想像力が足りないということではない理由があるかもしれません。しかし、時間が経ったときに自分のことのように捉えられるようになることがあるということ、そしてそれが思いやりに近いことだと発見したことがとても重要ではないでしょうか。

コミュニティデザインでは、想像力と創造力、愛が大事ですが、彼女が言うように自分のこととして捉えるという、事象の「変換」も必要です。縁がない地域で、初めて会う人たちに、あなたたちのまちの課題はこうだ、と決めつけることは禁物です。「そんなことは、よそ者のあんたには言われたくない」と思われてしまっては、何も始まりません。その時に、自分のまちのこと、自分の家族のこと、友達のことのように捉えていると自然と言葉遣いや態度に表れてくると考えています。そのことを被災という大きな経験がなくても学生が学べるような環境を整えていくことが、私たち教員にできることだと思っています。

次回のキーワードはコミュニティデザイン学科のマインドセットのカテゴリーからいくつかを紹介します。お楽しみに。

1年間の学びをふりかえった2学年合同の「ふりかえり」の時間

1年間で最も印象的だったことを即興劇で表す。相手とのコミュニケーションが試される

註
1 齋藤 尚さん（コミュニティデザイン学科1年、福島県出身）の言葉より

西欧の「ヒューマニズム」を再考する
ボッティチェリとレオナルドの展覧会から

倉林 靖

ヨーロッパの価値観の危機

昨二〇一五年は、一年を通じて、「ヨーロッパ」とは何か、について考えさせられる年だった。年始と晩秋に起きたパリでの二つのテロ事件、そして夏以降に一挙に膨れ上がった中東からの難民。これらのことから浮き彫りにされたのは、人間の自由・平等・博愛を謳い民主主義を奉ずる「ヨーロッパ」が、実は、イスラム教徒という「他者」の包摂にことごとく失敗してきている、という事実だった。

私は例えば、現代イスラム地域研究を専門とする内藤正典の著作『ヨーロッパとイスラム——共生は可能

サンドロ・ボッティチェリ《聖母子（書物の聖母）》1482-83年頃、ミラノ、ポルディ・ペッツォーリ美術館
© Milano, Museo Poldi Pezzoli, Foto Malcangi

か』（岩波新書、二〇〇四）や『イスラム戦争：中東崩壊と欧米の敗北』（集英社新書、二〇一五）などを読んで深い衝撃を受けたが、そこで最も印象に残った記述のひとつは、ムスリムは神中心に物事を考えるが、ヨーロッパは人間中心に物事を考える、そして人間中心のこの思考が、現在の世界の、行き詰まりのひとつの要因である、という考え方だった。こうした意見を読んでいると、ヨーロッパの「啓蒙主義」は、どこかで根本的に間違っていたのではないか、という気にさえさせられる。そしてヨーロッパから発した「ヒューマニズム」という概念にも、根本的に疑問を抱かざるを得なくなるのである。ヨーロッパの「ヒューマニズム」が指す「人間」とは、要するに、ヨーロッパ人だけを指すことばだったのだろうか？

　いまこのときにあって、「ヒューマニズム」が始まったときそれはいったい何であったのか、を考えることは、むだではないだろう。この新春、東京では、ボッティチェリとレオナルド・ダ・ヴィンチという、イタリア・ルネサンスの二人の巨匠の展覧会が行なわれている。これらの展覧会は、そのタイトルにも示されているように、今年が日本とイタリアの国交樹立一五〇周年にあたることにその機会を得ていて、この後もその関連で東京ではカラヴァッジョや、ヴェネツィア・ルネサンス、あるいは二〇世紀の巨匠のモランディの展覧会なども控えている。

　また東京では同時期に、フェルメールとレンブラントの作品を含むオランダ絵画展も開かれていて、いまや東京は、随時、西洋古典絵画のまとまった展覧会が行なわれている都市となった、ともいえるだろう。このこと自体、西洋文

サンドロ・ボッティチェリ《アペレスの誹謗（ラ・カルンニア）》1494-96年頃、
フィレンツェ、ウフィツィ美術館
Gabinetto Fotografico del Polo Museale Regionale della Toscana. Su concessione del MiBACT. Divieto di ulteriori riproduzioni o duplicazioni con qualsiasi mezzo

フィリッポ・リッピ《聖母子》1436年頃、
ヴィチェンツァ市民銀行
Collezione Banca Popolare di Vicenza

フィリッピーノ・リッピ
《幼児キリストを礼拝する聖母》1478年頃、
フィレンツェ、ウフィツィ美術館
Gabinetto Fotografico del Polo Museale Regionale della Toscana. Su concessione del MiBACT. Divieto di ulteriori riproduzioni o duplicazioni con qualsiasi mezzo

「ボッティチェリ展」
東京都美術館
2016年1月16日〜4月3日

「日伊国交樹立150年記念　特別展
レオナルド・ダ・ヴィンチ ——天才の挑戦」展
江戸東京博物館
2016年1月16日〜4月10日

「フェルメールとレンブラント：
17世紀オランダ黄金時代の巨匠たち」展
森アーツセンターギャラリー
2016年1月14日〜3月31日（この後、福島に巡回）

化の相対化ということのひとつのあらわれと見てとることもできよう。そこでいまこの機会に、これらの西洋美術の巨匠たちの作品を例にとって、ヨーロッパの「ヒューマニズム」とはいったい何だったのか、を考え直してみたい。

ボッティチェリと人文主義

「ヒューマニズム」とは、ルネサンス時代において直接的には、ラテン語でいうフマニズム（人文主義）の意味を持ち、それは要するにギリシア・ローマ時代の古典文化の復活を指したのである。そして何に対してそれをそう呼んだかといえば、長くヨーロッパ中世を支配したキリスト教の教義・世界観・文化に、そのギリシア・ローマの古典文化の人間中心のありようを、対置させようとしたのだった。神中心の宗教に対して、人間中心の文化を置こうという姿勢である。それは直接的に、ギリシア・ローマの古典を内容に持つ文化・芸術の復興復活というかたちを取ったし、また、キリスト教の文化のなかに人文的・人間的な温かみを注入するというかたちをも取りえた。後者の、宗教の人間化という方向性は、いまだ宗教が基本的に人間社会を律していた時代にあっては、どうしても避け得ないものであった（ルネサンス後期においても、地動説という科学的・人間的思考は、天動説という宗教的世界観の前に屈服を強いられている）。けれども事はそう簡単ではない。ルネサンス社会は、人間中心の文化を築こうとする方向性が多勢を占めるが、しかし宗教的心性からの強い揺り戻しを、絶えず経験することになる。

人間を中心とする主義（人文主義）と、神を中心とする主義とが、ぶつかりあいせめぎあい、複雑に絡まりあうのが、ルネサンスという時代だろう。そのことは、ボッティチェリとレオナルドという、この時代の二人の優れた芸術家の作品や生き方のなかに、それぞれ異なったかたちであるけれども、見ることができる。作品の様式の変遷にその揺らぎをはっきりと見てとることができるのが、サンドロ・ボッティチェリ（一四四五頃〜一五一〇）の場合である。

現在はフィレンツェのウフィツィ美術館にあるボッティチェリの二大傑作、《春》（一四七七頃）と《ヴィーナスの誕生》（一四八三頃）は、ギリシア・ローマの古典古代的教養に基づく、まさしくルネサンスの人間中心主義を謳歌するような、花の都の意をもつフィレンツェという都市の文化の絶頂を象徴するような、みずみずしい美に満ちている。もうはるか以前、一九八〇年代前半に初めてこの都市と美術館を訪れて、二大傑作のある部屋を見た私も、この優美さと華やかさの絶頂の絵画に、しばし陶然として見入ったものだった（当時、「春」はたしかちょうど修復を終えたところで、地面に咲く花々の描写が、まるで昨日描かれたように鮮やかだったのを、覚えている）。

だがボッティチェリの作品の特徴である優美さ、繊細さは、ある種の弱々しさ（それがまた彼の魅力を形作ってもいるのだが）をもっており、過去のゴシック性と結びつくような装飾性への傾きは、彼の作品を、確固とした人間中心主義へのある種の懐疑、逡巡を感じさせるような性格を持っている。たとえば今回の展覧会の出品作《聖母子（書物の聖母）》（一四八二〜八三頃）にみられる、その金のヴェールの描写にあらわれているような極度の繊細さは、この作品の場合にはまだひじょうに優美な調和性を奇跡のごとく保っているけれども、ここから一歩踏み出したら、この調和はもう崩れかねない、という危うさをもっている。

そうして、後期のほうの彼の宗教画では、描かれた聖母子や聖人たちがみな憂愁の表情を帯び、ある獏とした不安感がそこに注ぎ込まれるようになる。ボッティチェリとフィレンツェに、この人間とこの社会に、ここで、いったい何が起こったのだろうか？　これらの絵画は、時代の空気の微妙な変化によって、芸術作品が帯びるニュアンスがこれほどまでに変わってしまうのか、ということの、格好の例となっている。とくに、《アペレスの誹謗（ラ・カルンニア）》（一四九四～九六頃）にみられるような痛切な崩壊の感情は、いったいどこから生まれたのだろうか。ボッティチェリの登場人物たちは、時代の波に翻弄され、抗いつつ、のみ込まれていってしまう運命にあるかのように描かれている。

一四九四年のメディチ家追放の後から九八年までの数年間、フィレンツェという都市自体が、人文主義の華やかな夢から覚めたように、修道僧サヴォナローラによる、キリスト教原理主義的な統治の下に組み込まれる。ボッティチェリは、サヴォナローラの教説に深く組みしたとされており、彼の宗教画は、その教義を反映した、峻厳な、華やかさを欠いたものになっていく。ボッティチェリの後期の宗教画は、サヴォナローラの焚刑とメディチ家の復帰以後も、神秘的宗教観に浸され、バランスを欠いたものになっていったようだ。

ボッティチェリの絵画は、このように、この時代の「ヒューマニズム」と宗教観がせめぎあい、結局は、人文主義が宗教に屈服していくようすを示しているように思われる。これは当時の人々の心性の根底にある、どこかしら、宗教をないがしろにすることへの恐れから発しているのではないだろうか。このことは、私たちがもっている「ヒューマニズム」への信頼を、いまいちど考え直すよう迫る事例ではないか、と私には思われるのだ。今回の展覧会は、これほどボッティチェリの傑作がそろうのは稀ではないかと思えるほど、各時代の彼の優れた作品を集め、なおかつ彼の師のフィリッポ・リッピ（一四〇六頃～六九）と、その師の息子でボッティチェリが弟子とし後にライバル関係にもなったフィリッピーノ・リッピ（一四五七～一五〇四）の作品とをまとめて配し、展覧会としてもたいへん優れた見ごたえのあるものになっていた。この東京で、彼の作品とそれを取り巻く時代とを深く考えさせる、絶好の機会であった、といえるだろう。

レオナルドの絵画が孕む謎

レオナルド・ダ・ヴィンチ（一四五二～一五一九）の場合、人間中心主義と宗教とのせめぎあいは、ボッティチェリの場合とはまただいぶ違った色合いをもって現れている。周知のように、レオナルドは「万能の天才」であり、ことに科学的思考に秀でた人物であった。合理的思考に裏打ちされ、宗教の迷妄から脱し、まさしく「啓蒙」的な考えができたひとではなかったか、ということが想像される。

もちろんこの時代の芸術家は、多かれ少なかれ誰でも、科学的思考をもつことを期待され「万能の人」たることを求められたのであって、レオナルドだけがまったく違った傾向をもった芸術家であったというわけではなかった。ただ、彼の場合、その万能ぶりが突出していると同時に、その万能さの根底に深遠な世界観、哲学思想が共存しているのではないか、と匂わせるところがあって、それが彼に対して同時代の他の芸術家と大きく異なった印象をもたせる理由になっているのだろう。

レオナルドの科学的思考の底にあるのは、表向きには、科学への万能の信頼感、人間の知性への絶対の信頼感であるように見受けられる。彼は、腕や脚を伸ばした人間の肢体は正円に接するという有名な図を描いており、それはあたかも宇宙の中心に人間が来る、という、人間中心主義を想起させる。今回の展覧会に出品された「鳥の飛翔に関する手稿」（一五〇五年、現在トリノ王立図書館蔵）に代表されるような、彼の膨大なノート群は、そのような彼の科学的思考を限なく知ることのできる貴重なドキュメントだ。

しかしよく指摘されることだが、レオナルドは、その科学的思考でこの世界のありようを透徹して考えることができたからこそ、世界へのある畏れというか、人間の知性の限界点というか、そういうものをもっていたのではないか、と思われるのだ。彼が世界の破滅――人間の文明と知性の崩壊、宇宙の混沌としたエネルギーの勝利ともいうべき「大洪水」のイメージを描いているのも、その証拠だとされることがある。

けれども私には、レオナルドの残した絵画作品こそが、そうした彼の複雑な世界観を知る手掛かりとなるのでないか、と考えたくなる。彼の絵画作品は、「謎」の印象を呼び起こすものが随分とある。有名な「モナ・リザ」も、まさにその微笑みの雰囲気が「謎」と形容されて久しいし、今

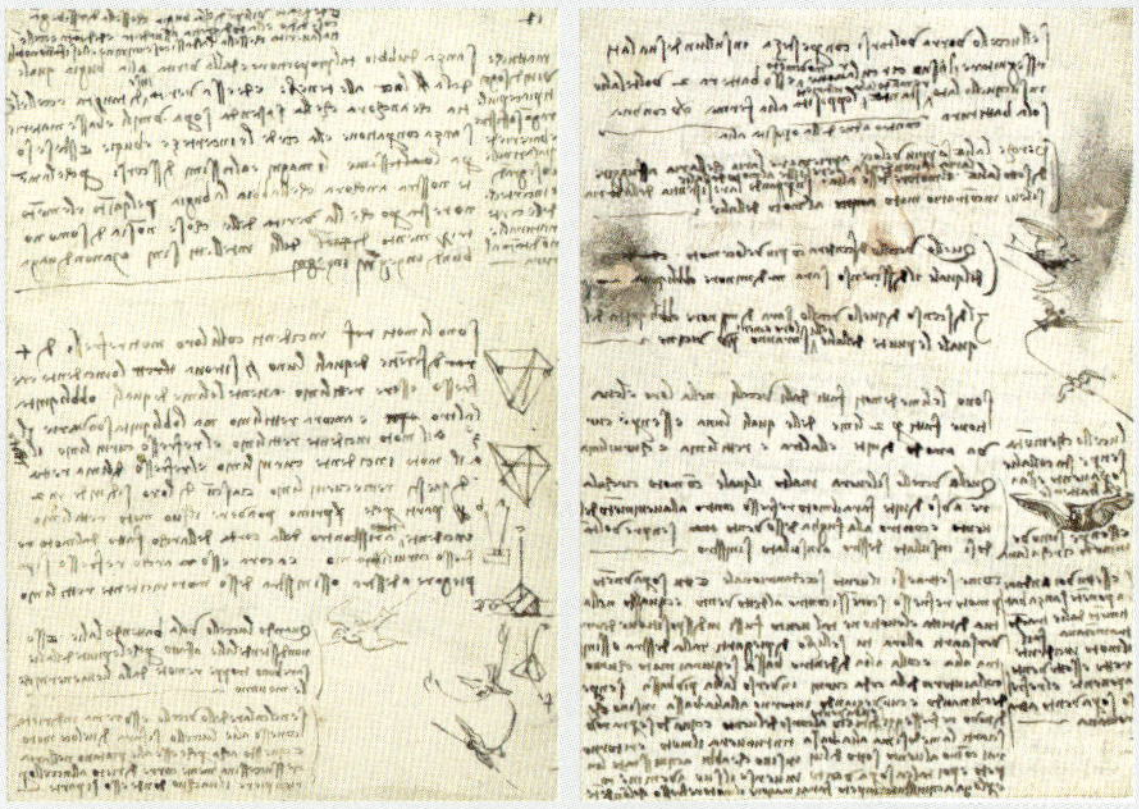

レオナルド・ダ・ヴィンチ『鳥の飛翔に関する手稿』第10紙葉裏（右）と第11紙葉表、1505年、トリノ王立図書館　© Biblioteca Reale

作者不詳（ヨース・ファン・クレーフェ周辺の画家）
《幼子イエスと洗礼者ヨハネ》1530-35年、
カポディモンテ美術館
© Fototeca del Polo Museale della Campania

ベルナルディーノ・スカーピまたはデ・スカーピアス）
通称ベルナルディーノ・ルイーニ《聖母子と洗礼者ヨハネ》1520-25年頃、アッカデミア・カッラーラ
© Accademia Carrara, Bergamo

レオナルド・ダ・ヴィンチ《糸巻きの聖母》1501年頃、
バクルー・リビング・ヘリテージ・トラスト
© The Buccleuch Living Heritage Trust

回の展覧会では弟子の模倣作が出品されている《洗礼者聖ヨハネ》にしても《岩窟の聖母》にしてもまた《聖母子と聖アンナ》にしても、世界への謎を含む絵画、という印象を強く抱かせるものである。

そして今回出品されている、レオナルドの真作で目玉の展示作品となっている《糸巻きの聖母（バクルーの聖母）》（一五〇一頃）。この作品は展覧会のなかにあって本当に輝かしい、しかし不思議な光を放っているようだった。彼の作品が「謎」の印象を与えるのは、聖母や幼子キリスト、そして背景の自然などの実在感が、それ自体、「存在することの謎」を秘めているように描かれているからだ。周知のように、レオナルドは、ルネサンス当時に発展した透視図法（線遠近法）の手法に加えて、空気遠近法の要素を加味したスフマート（ぼかし）の手法を使って、よりいっそう、

ヨハネス・フェルメール《水差しを持つ女》1662年頃、
メトロポリタン美術館、ニューヨーク
Marquand Collection, Gift of Henry G. Marquand, 1889 (89.15.21)
Image copyright © The Metropolitan Museum of Art.
Image source: Art Resource, NY

レンブラント・ファン・レイン《ベローナ》1633年、
メトロポリタン美術館、ニューヨーク
The Friedsam Collection, Bequest of Michael Friedsam, 1931 (32.100.23)
Image copyright © The Metropolitan Museum of Art.
Image source: Art Resource, NY

レンブラントに帰属
《マルハレータ・デ・ヘールの肖像》1661年、
ロンドン・ナショナル・ギャラリー
NG5282 Presented by The Art Fund, 1941
© The National Gallery, London

人物や事物が「そこにある」リアリティを獲得させようとした。そうした手法が、硬い線描の雰囲気を特色とするフィレンツェ派の絵画から彼を超越させ、ヴェネツィアの油絵技法の柔らかな色彩に大きな影響を与え、ひいては西洋絵画のひとつの底流を成すのに重要な貢献をしたのである（このレオナルド流の描法は、しかし彼の影響を受けた「レオナルド派」に正しく伝わったとは思われにくい。この展覧会に出品されたような「レオナルド派」の作品群は、むしろレオナルド的な描法が一歩間違えば途轍もなく通俗化するという危険性をよく示しているように私には思われる）。

今回出品されている《糸巻きの聖母》を覆っている奇妙な感触は、聖母や幼子、それに背景の自然などが、ある見え方をもってこの世界に出現してきて存在する、そのこと自体の不思議さの感覚である。それは、科学の眼を駆使すればこの世界のあらゆる事象は明らかにできるという信念を破壊させ、世界はどんな知力を用いてもなお謎にとどまる、というような感覚を、増幅させているように思われる。

レオナルドのなかでは、いったい世界観はどのようにしてあったのか？ 私たちは、なお彼の作品やノートの手記や図像を解きほぐすことによって、それを明らかにしていかねばならないのだろう。そしてこの現在の時代のなかで、彼の思想がいったいどんなところに私たちを連れてゆくかを、問うていかねばならないのだ。そうした意味で、このタイミングで開かれたレオナルドの展覧会は、私にはとても価値が高いように思われたのだ。

一七世紀オランダ絵画の「近代性」

ヨーロッパにおける、社会からの宗教の分離、いわゆる「ライシテ」（世俗主義・政教分離）は、宗教改革が行なわれてカトリックからプロテスタントが分離したとき、いっそう進行したように思われる。マックス・ウェーバーの著作『プロテスタンティズムの倫理と資本主義の精神』にもみられるように、個々の人間の救済は神によってあらかじめ予定されているが、人間はそれを知ることができず、また人間の努力によってこの予定を変えることはできない、という考えは、かえって人間が宗教的な倫理観を気にかけずに、世俗的な営み（経済活動）を堂々と自信をもって行える土壌を切り開いた。ハプスブルク家のスペインから独立を果たした一七世紀のオランダは、プロテスタンティズムを基にした世界史上初の、資本主義をベースにした市民社会を実現した。この経済的成功にともない、この世紀のオランダ社会は、急速な文化の興隆と、豊穣な絵画芸術の発展を実現した。

ボッティチェリ展やレオナルド展と同時期に東京で開催された「フェルメールとレンブラント：一七世紀オランダ黄金時代の巨匠たち」展は、この時代の文化の様相をよく示している。絵画はこのとき、宗教的主題から自らを解放し、市民社会を描く世俗的主題へと全面的に移行する。だがこの時代を代表するフェルメールとレンブラントは、同じ土壌から現れ出て幾つもの性格を共有するが、またたいへん異なった印象を与えもする。

カメラの前身となる光学的な補助用具カメラ・オブスクラを用いて、純粋に合理的・写実的な市民空間の光のありようを描いたのが、ヨハネス・フェルメール（一六三二〜七五）である。今回の出品作《水差しを持つ女》（一六六二）は、彼の初期から成熟期にさしかかる頃の作品とみなされているが、女性の衣服や水差し、布などに、幾何学的といえるほどの形態的・光学的な分析の眼が及んでいて、それが室内の一瞬の光の情景を浮かび上がらせている。しかしこれもまたよく言われることだが、フェルメールのこうした絵画も、たんに写実的に現実を映したものとは思えず、その光の表現には、どこかこの世界の存在に対する神秘的な感覚があらわれてもいるようだ。

レンブラント・ファン・レイン（一六〇六〜六九）の作品に流れてい

る空気は、フェルメールよりなおいっそう合理性の彼方を見据えている。これも周知のように、プロテスタンティズムが浸透し芸術が宗教的主題から解放された一七世紀オランダにあって、しかしレンブラントは、もちろんプロテスタンティズムの慣例にも従ってだが、多くの宗教的主題の作品を描いた。プロテスタンティズムのヨーロッパが決して感動的な宗教的芸術を生み出さなかったわけではないことは、たとえばJ・S・バッハの音楽作品などを考えてもよくわかることだが、レンブラントの場合も、そうした例に数えることができるだろう。レンブラントの作品は、宗教的な感情に裏打ちされたうえでの「人間的」なものであり、それゆえに、ヨーロッパ文化のなかでの最良の意味での「ヒューマニズム的」な感触を持っている。

今回出品されたレンブラント作品《ベローナ》(一六三三)は古い甲冑を身にまとった、親しみやすい雰囲気の女性モデル(彼の妻サスキアをモデルにしているともみなされる)を、古代ローマの戦いの神ベローナに見立てたものだが、彼独特の光と闇の描写のなかに「人間的な」感触を注ぎ込んでいる。また「レンブラントに帰属」という言い方で紹介されている《マルハレータ・デ・ヘールの肖像画》(一六六一)も、レンブラント特有の、老齢の人物像の存在を慈しみ深い静かな眼差しで眺めた作品に属している。

宗教と人間主義とのせめぎあいから

こうやって眺めてくると、やや月並みな結論ということになってくるのかもしれないが、ヨーロッパの「ヒューマニズム」の文化も、やはり、宗教との絡みあい、せめぎあいのなかで、宗教に裏打ちされそれと常に対比されることによって、深い表現を築いてきたのだった。もちろん、今さら現代社会に宗教の復興を、ということは、問題があるだろう。しかし人間中心に営まれてきたこの社会が市場原理主義によってバランスを崩しているとき、人間を超えたもの——それは「自然」とか「宇宙」とかいうものであるかもしれない——からの眼差しを考えつつ、人間の営みを反省し内省してみることは、この先、ますます必要なことになってくるのではないだろうか。

現代のグローバル文化の、その基になっている近代ヨーロッパ文化、それは、もとをただせば、イスラム教の進出によって、自らのアイデンティティを確立せねばならなかった中世以後のヨーロッパが築いてきたものだ。「ヨーロッパ」は、「イスラム」との対比のなかで、成立してきたのである。二一世紀の今日、中東地域への私利私欲的行為が反転し、ヨーロッパの行いのツケがまわってきたかたちで、イスラム戦争の結果としてのテロへの恐怖と大量の難民の流入によって、ヨーロッパ社会はそれ自体の変質の危機に襲われている。「イスラム」に絡む問題をきっかけに、ヨーロッパの、ひいてはヨーロッパ文化をもとにしたグローバル文化全般の意味が、いま大きく問われていて、文字どおり人類の安全な生存に関わる危機として浮上してきている。

今春、この東京で開かれた、ヨーロッパ文化の粋を集めた幾つかの古典的絵画の展覧会を見て、たんに絵画の古典的な意味について考えるだけでなく、「ヨーロッパ文化」と「ヒューマニズム」の意味について問うことは、非常に重要なことであろうと私には思われるのである。

くらばやし・やすし
美術評論家。美術出版社主催「芸術評論」募集で第一席入選し、以降評論活動を開始する。美術・音楽・文学を横断的に論じ、取材に基づくわかりやすい評論で知られる。主著に『現代アートの遊歩術』(洋泉社)、『澁澤・三島・60年代』(リブロポート)、近著に『新版 岡本太郎と横尾忠則』(LLPブックエンド)、『震災とアート』がある。

連載 動物たちの文化誌⑭

絵巻物の動物たち

早川 篤

紙や絹を水平につないで連続した画面を構成した絵巻物にも、動物たちが登場する。そこから、その時代の動物と人の関係など、様々な情報や当時の文化を調べるきっかけを与えてくれる。

ノウサギとトノサマガエル

平安時代末期（一二世紀）に描かれた『鳥獣人物戯画』ほど、親しまれている絵巻物はないだろう。世界遺産の栂尾山高山寺を代表するこの宝物は、現状、甲乙丙丁の四巻からなり、このうち、甲巻に一六種、乙巻に一五種、丙巻に一〇種の動物が登場する。

カエルとウサギが相撲をとる姿でお馴染みの甲巻で最多登場するのがノウサギである。本来、日本にいるウサギはノウサギとアマミノクロウサギとユキウサギの三種。アナウサギの家畜種イエウサギが日本にやって来るのは一六世紀になってからで、この時代の本州にはノウサギしかいない。描かれているウサギの耳の先端が黒く塗られているのは、ノウサギの特徴である。ノウサギは夏には茶色で、冬には白くなる。ただし、日本全国のノウサギが冬に白化するわけではない。冬期に積雪がある地域のウサギが保護色として白くなる。つまり、白いノウサギは冬期にしか見ることができないということだ。他の動物を見ると、冒頭と途中に二頭のシカが登場するが、いずれも鹿の子模様があり夏毛である。そもそも、冬に冬眠するカエルと相撲をとるためには冬ではありえない。とすると、このノウサギは冬毛ではなく、一年を通して白い個体、つまりはアルビノのノウサギということになる。御幣の白や白装束など白い色には神々しさが加味されており、登場回数だけから考えると主人公といえる鳥獣戯画・甲巻のノウサギが白いのは、神の遣いとしての役割を果たしているのかもしれない。

次いで多く登場するのはカエルだ。このような模様はダルマガエルかトノサマガエルであるが私には判断がつかず、カエルに詳しい方に聞いてみた。トノサマガエルは草地にいて近づくと跳んで草の

はやかわ・あつし
1962年生まれ。天王寺動物園飼育係、学芸員。大阪自然環境保全協会理事。文化を通した動物の見方や自然物を利用しての動物オブジェ作りなど、動物の話を伝える方法を模索中である。

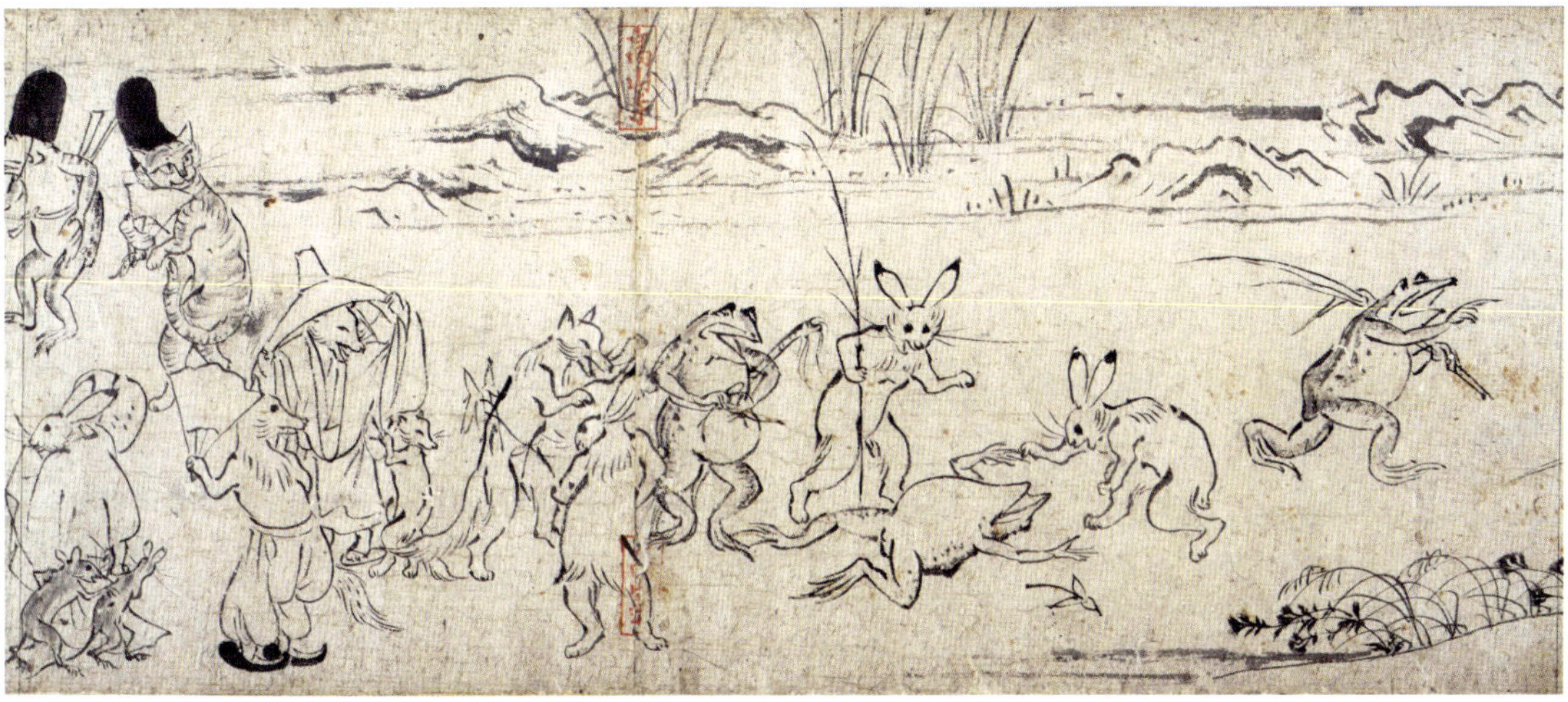

国宝「鳥獣人物戯画」(甲巻)　平安・鎌倉時代　栂尾山 高山寺蔵

間に逃げ込み、背側線は黒くまっすぐにつながっている。一方、ナゴヤダルマガエルは水の中にいることが多く畦にいても水中に逃げ込み、飛び跳ねる感じではなく、背側線が目の後ろで曲がっている。鼻先がトノサマガエルの方がとがっているので、トノサマガエルという印象を持つという答えをいただいた。他にも、背側線だけで斑紋がないニホンアカガエルのようなカエルもいるが、目の後ろのラインがはっきりしないなど疑問が残る。

賭弓、相撲、そして採集した草の優劣を競う草合わせと、ウサギとカエルが競い合っているように思えるが、途中でその二種がサルを追いかけるシーンがある。カエルは怒っているが、ウサギは笑いながら追いかけている。冒頭からサルとウサギが仲良く遊んでいるが、カエルとサルは仲良くするシーンがない。この三種の関係は何かを暗示しているのだろうか。

描かれた動物の種類や行動の意味など正確にはわからないかもしれないし無駄かもしれないが、いろいろなジャンルの人と話をするのは楽しいものだ。

鳥獣戯画は甲巻のみが注目されがちだが、他にも様々な動物、ことに乙巻には、

ナゴヤダルマガエル
目の後ろの黒い線が下に湾曲している

当時は来日していない外国産の動物たちが描かれている。まだ見ぬ動物がどこかにいるのかとワクワクしながら見ていた当時の人を想像すると、なんとも羨ましく思う。

お洒落な和牛

紫式部が『源氏物語』を執筆したと伝えられている滋賀県大津市にある石山寺は、清少納言の『枕草子』に記されているように、古くからその霊験を謳われている。『石山寺縁起絵巻』は、正中年間（一三二四～二六年）で、現存本の制作年は鎌倉時代のものと、一部に室町・江戸時代の模本が加わっている【註1】。

巻一は全体に多数のウシが登場するが、まずその模様や色の豊かさが目を引く。和牛＝黒というイメージを持つ方が多いようだが、日本古来のウシの色や模様は変化に富んでいる。ただ、厳密にいうと日本には家畜としてのウシは存在していなかった。日本にいた牛の仲間として、旧石器時代の金森遺跡（岩手県花泉町）からハナイズミモリウシというバイソンのような野牛や原牛の骨が出土している。ハナイズミモリウシの肋骨を利用した尖頭骨器も出土しており、狩猟対象になっていたと考えられている。また瀬戸内海や北海道からは、シベリヤ北部から北米大陸にかけて生息していた北地野牛の化石も発見されている【註2】。

絵巻物のウシに戻ろう。西晋の『魏志倭人伝』には三世紀の日本には「牛、馬、虎、豹、羊、鵲ナシ」と記されている。食べつくされたか、温暖化による環境変化の影響か、日本列島にはウシがいなくなっていた。現在日本にいるウシは、六世紀（弥生時代中期）に朝鮮半島から渡来人が家畜として連れてきたウシの子孫である。その頃は田畑の耕作や物資の運搬などの使役のほか、肉や乳も利用されていた。その後、仏教伝来や肉食禁止令などの影響か表面的には食料としてのウシの利用はなくなったように思えるが、『続日本紀』（和銅六〔七一三〕年）には、「初めて山背国に乳牛戸五十戸を点ぜしむ」とあり、国営牛乳生産工場を持っていたことや、平安時代中期の法典『延喜式』には、諸国から牛乳を加工した蘇（そ）が献納されていたことが記されている。享保一三（一七二八）年には、八代将軍徳川吉宗がインド産のコブウシ三頭を輸入し、房総半島安房の幕府直轄の嶺岡牧（みねおかまき）（千葉県鴨川市）で飼育し、その牛乳から「白牛酪」という乳製品や「御生薬」という傷薬を製造し、江戸で販売させている。ただし、吉宗のウシはインド原産のコブウシの系統であるが、それ以前に日本にいたのは、ヨーロッパ原牛をルーツとする朝鮮牛である。鎌倉時代末期に寧直（ねいのなお）麿（まろ）が河東牧童の名で書き残した『國牛十図』（図に描かれたのは八種）に残されているように、単色ではなく様々な模様と毛色がある【註3】。絵巻物にも黄牛（あめうし）や黒牛、ホルスタインのような白黒斑模様のウシが描かれている。

ウシのツル

昔のウシは黒いというイメージは、黒毛和種というブランド名からも来ているのではないだろうか。明治以前には役畜として、西日本ではウシ、東日本ではウマが主に使われていた。そのため、ウシの飼育が盛んであった近畿や中国地方では、江戸時代後半には地域ごとに独自の育種技術で優良なウシを作り上げた。それぞれの系統を植物の蔓に例え、岡山・鳥取の「竹ノ谷蔓（づる）」、島根の「卜蔵蔓（ぼくらづる）」、広島の「岩倉蔓」、兵庫の「周助蔓」などと呼んでいた。明治の開国以降、肉牛の生産が進められるようになり、日本在来牛と大型の外国産牛との交配改良に、蔓の育種技術が生かされた。そして、昭和一九（一九四四）年に、肥育により筋肉内にサシとよばれる脂肪交雑が起こる、いわゆる霜降り肉を生み出す高級ブランド肉である黒毛和牛という品種が認められる。

先に、西日本では牛、東日本ではウマが使われていたと書いたが、重い荷を運搬する際には、平地はウマで傾斜地ではウシが使われた。東日本でも山坂が多い北上山地において、旧南部藩時代に沿岸部と内陸を結ぶ塩の道での物資輸送に活躍したのが、「田舎なれども南部の国は西も東も金の山」と南部牛追い唄にうたわれた伝統ある南部牛である。明治四（一八七一）年、南部牛にアメリカから輸入されたショートホーンとデアリー・ショートホーンの交配を重ね、昭和三二（一九五七）年に四番目の和牛品種となったのが日本短角種である。

和種として認められている黒毛和種・日本短角種のほかに、無角和種や褐（あか）毛和種（熊本系・高知系）などがいるが、いずれも昭和生まれの外国産牛との交配種である。このように明治以降の外国種との交配の結果として、多くの日本在来種が姿を消していく。先の南部牛も今はその姿を見ることができないが、西日本の小さな二つの島に日本在来牛が残っていた。

鹿児島県トカラ列島の北端に位置する口之島（くちのしま）に、大正七～八（一九一八～一九）年に導入した数頭の子孫が放牧地から逃げ出し野生化した。そのため、西洋種や改良された和牛と隔離されたこの島で、

口之島牛
肩までの高さは120cmほど。役牛らしく肩が盛り上がり力強い雰囲気があるが、性格は大人しい（大城賢次氏撮影）

馬の草鞋
馬も牛も草鞋をはいていた。蹄が二つの牛と一つの馬では、当然草鞋の構造も違っていた

日本在来牛の特徴が今日まで残されることとなった。ウシを肉牛・乳牛・役牛に分けると、その役割に応じて体型に特徴がある。肉牛はまんべんなく肉がとれるよう胴体は長方形である。乳牛は大きな乳房とそれを支える後躯が発達するため、前躯が小さく後躯が大きなくさび形になる。役牛では歩みを踏み出すための前躯が発達するので、乳牛と逆に前躯が大きく後躯が小さなくさび形となるのだ。口之島牛の体型は小型で前躯ががっちりした、役牛として農耕や運搬用に使われてきたウシの面影がある。

一方、山口県萩沖に浮かぶ見島（みしま）では、四〇〇～五〇〇頭の黒褐色のウシが農耕、運搬のために連綿と飼われていた。この島では、明治以降も西洋種と交配させずにいたため、明治以前の日本のウシの特徴を残している。昭和三（一九二八）年に見島牛の産地として、天然記念物に指定されたが、昭和三〇年代から農業の機械化に伴い減少し、昭和五〇年代には三〇頭余りに減少した。現在は、見島牛保存会により、頭数を増やしている。見島牛は筋繊維が細かく良質な霜降り肉を生産する。この形質が黒毛和種などの和牛に伝えられたとされている。見島牛のオスとホルスタインのメスを交配した見蘭牛など、今では交雑種の美味しいブランド牛が日本各地で飼育されている【註3】。

改良を重ね時代のニーズに合わせた物が重宝される一方で、古いものは忘れ去られてしまう。これは、なにもウシだけの問題ではない。ただ、それらを記録し保存することには意義があることも忘れてはならない。

鉄より強い藁

『石山寺縁起絵巻』巻二の一一紙には、瓜や草鞋を売る店が登場する。草鞋は細長い物と丸い物の二種類があり、丸いのは馬用の草鞋であろう。欧米では馬の蹄に蹄鉄を打つが、日本で最初に蹄鉄技術を取り入れようとしたのは、またしても徳川吉宗である。外国人技師から蹄鉄技術を学んだのだが、その後蹄鉄が普及するのは明治開国以降のことになる。

なぜ、江戸時代に蹄鉄が普及しなかったのだろうか。シーボルトの著した、『江戸参府紀行』（呉秀三訳註）に、その理由が見て取れる。「蹄鉄は日本にては施用

「石山寺縁起絵巻」（模本）　狩野晏川／山名義海模　明治時代・19世紀（原本：明応6［1497］年）東京国立博物館蔵
軒先に人と馬の草鞋が吊るして売られている

国宝「餓鬼草紙」 平安〜鎌倉時代（12〜13世紀）1巻　紙本着色　東京国立博物館蔵
餓鬼とともに死体を齧るイヌが描かれている

「石山寺縁起絵巻」（模本）　狩野晏川／山名義海模
明治時代・19世紀（原本：明応6［1497］年）東京国立博物館蔵
左の牛は口之島牛と同じように腹部に白い模様が入っている。右の牛は黄牛と呼ばれる毛色

せず。牛馬の蹄には稲わらの靴を着せているが、それは街道の至る所に旅人の草鞋とともに売るために店前に掛けている。日本の如き細い道や梯路が山を登るようなところでは、この蹄被いは適している。荷を積んだ動物が険しく高い山を登るとき、鋭い岩石などに蹄を損ずることなく、滑ることもない」と記しており、絵巻物の店の風景と同じ描写もある。

宇江敏勝の小説『納札のある家』には、江戸から大正にかけて生きた女性が登場する。場所は和歌山県の那智大社と本宮大社を結ぶ熊野街道の山奥の小さな集落である。亭主が馬で荷物を運ぶ仕事をしているのだが、この馬に藁のくつを履かせており、女性は毎夜、夜なべ仕事で馬には一日に五足、亭主には草鞋を二足ずつ編んでいる。馬は四脚なので、毎日二〇個の草鞋が必要ということになる。この馬の藁のくつがどういうものであるか定かではないし、あくまでも小説のなかの話ではあるが、馬に履かせる草鞋の強度の目安として参考にしてもいいだろうと思っている。一〜二時間おきに履き替える手間はあっただろうが、先人は藁という身近な素材を利用して環境に適した道具を作っていたのである。

『石山寺縁起絵巻』巻五の十一紙では藁で作られた鞍を付けた馬に乗る農民が登場する。藁という身近でエコな素材。それらは焼いては灰となり、使い捨てにされても土に戻っていったであろう。便利さや低価格を追求するばかりではなく、自分が使う日用品や道具等の素材がなんであるか、どうなっていくのかも考えて選びたいものだ。

守るニャン、齧るワン

草鞋を売る店の隣家の入口には赤い首輪をして紐で繋がれたネコがいる。日本にいつからネコがいたのかはわかっていない。長崎県壱岐島のカラカミ遺跡からは、紀元前一世紀ころのネコと思われる骨が出土している。

平岩米吉氏の『猫の歴史と奇話』には、奈良時代の古典『古事記』『日本書紀』『万葉集』にはネコは登場せず、『日本霊異記』に慶雲二（七〇五）年の話としてネコに生まれ変わった人の説話が語られているという。寛平元（八八九）年に唐より渡来した黒猫を譲り受けたという話が『宇多天皇御記』にある。少なくとも、鎌倉時代になれば庶民もネコを飼えるようになっていたことは絵巻物から読み取れるが、まだ紐で繋いで飼うほど貴重な存在であったようだ。

P. 110「石山寺縁起絵巻」（模本）の部分拡大図。赤い首輪を紐でつないで飼われているネコ。尾が長い

一方、『紙本著色餓鬼草紙』には、生前に罪を犯した人間が死後にさまよう六つの苦の世界のひとつ餓鬼道が描かれている。餓鬼道に堕ち、人間界の日常の中に紛れ込み、飢えと渇きに苦しみ、死体や糞尿しか口にできないすさまじい姿がそこにある。そんな餓鬼とともに死体を齧るイヌが描かれており、当時のイヌと人との関係が窺われる。草戸千軒町遺跡（現広島県福山市）では、鎌倉時代から室町時代のごみ穴から出土した人骨の四肢骨の筋肉が付着する部分には、例外なくイヌの嚙み痕の特徴である凸凹が多数認められている。古代から中世にかけて、ゴミ溜めに人骨が混ざることは珍しくない。ほかにも、深田遺跡（現兵庫県城崎郡）からも、イヌの嚙み痕が残された人骨が出土している。

縄文時代には、愛媛県上黒岩洞穴で八千年前に埋葬された二体のイヌが発掘されている。さらに五千年前の縄文中期になるとイヌの埋葬例は急激に増加し、人の傍らに家族同様の扱いを受けて葬られていたが、弥生以降になると体格は大きくなるものの、溝に捨てられていたり、後頭部に陥没跡や関節部に刃物跡があり食用にされていたようだ。軒先に繋がれていたネコとは対照的に、縄文時代には大切に扱われていたイヌは、弥生以降人間社会のなかで、清掃役として排泄物や死体をむさぼる穢れた存在とされていたことが読み取れる【註4】。

今では愛玩動物以上の家族として人気を二分するイヌとネコだが、それなりに波乱万丈な歴史があったようだ。

ウシと来た、ゆゆしき地獄

地獄という来世観はインド・中国を経て六世紀中期、ウシと同時期に朝鮮半島の百済から仏教とともに伝えられた。仏教の教義に基づいた六道世界を目に見える絵としたのは、奈良時代に作られた東大寺二月堂の本十一面観音像の光背に線刻された図が現存する最も古いものである。平安時代の『日本霊異記』や『今昔物語』には地獄絵を描いたことが記録されている【註5】。宮中の年中行事として行われた仏名会で「地獄変相図」なるものが使用されていることが、『栄華物語』や『枕草子』七十七段に記されている。中宮に仕えていた清少納言が「ゆゆしさに、こへやにかくれ伏しぬ」ほど恐ろしい絵であったようだ。

「地獄極楽」という来世の様子を具体的に示したのは、一〇世紀に天台宗の僧源信（恵心僧都）が撰述した『往生要集』においてである。その背景には、釈迦が入滅後長い年月が経過し、仏の正しい教えが一切届かぬ時代（末法）が来るという「末法思想」の流布があった。人々は、永承七（一〇五二）年がこの暗黒時代の始まりと信じ恐れていた。それを乗り切るための手段として、六道輪廻を断ち切り、極楽往生を遂げることができれば、明るい死後が待っているという安心感を与えるために、明暗の対比として克明に地獄が描写された【註6】。

地獄に堕ちる罪にもいろいろあるが、生きものが関わる罪に殺生がある。殺生の罪を犯した者が堕ちる八大地獄のなかでも一番軽い地獄の一丁目とでもいう地獄が等活地獄である。その様子が『地獄草紙』など絵巻物に描かれており、『往世要集』以降はその記述に沿った内容で絵画化され絵巻や掛幅になり、さらに絵解きとして語られていく。そのあまりのリアルさが、地獄の恐ろしさと輪廻転生する来世観を庶民の中に植え付けたのではないだろうか。殺生の罪を犯すと、畜生道の世界で輪廻転生を繰り返すことになるという。ちなみに、どれほど繰り返すのかというと、等活地獄の場合は五百年×三三億三千年ほどになるそうで、それなら殺生はしないでおこうかなと素直な人なら思うに違いない。

『石山寺縁起』二巻二十四紙では殺生禁断の地となった寺領内で狩猟（漁）者を取り押さえる場面があるが、巻五の二七紙では宇治川で漁をするシーンや鯉の腹を裂いて大切な文書を取り出すシーンが描かれている。このように、殺すこと全てを否定しているものではないように思える。私は仏の教えを正確に知るわけではないが、どうも多くの日本人の中では、殺生とは無益有益は関係なく、「殺すこと」はすべてがいけない、「殺す人」は悪い人で地獄に堕ちる、そして「虫も殺さない」のがいい人の代名詞になっているのではないだろうか。

仏教が地獄をもたらす以前には、日本人の中に黄泉の国はあったが殺生という観念も地獄も極楽もなかったであろう。その頃の死後の世界観とは、どのようなものであったのだろうか。地獄極楽の概念が導入されて千年あまり、いわゆる因果応報の思想が、現代人の「殺すことアレルギー」とでも呼んでもいいような正義感に、今も大きな影響を与えていると思うのは考え過ぎであろうか。

註

1『日本の絵巻16 石山寺縁起』中央公論社、1988年
2 津田恒之『牛と日本人』東北大学出版会、2001年
3 小宮輝之『日本の家畜・家禽』学習研究社、2009年
4 松井章『環境考古学への招待』岩波新書、2005年
5 小栗栖健治『図説地獄絵の世界』河出書房新社、2013年
6 加須屋誠『地獄絵を旅する』平凡社、2013年

連載

Nature Sense

ネイチャー・センス⑩

カンボジアの自然と歴史と亡霊

片岡真実

ASEANをめぐる旅

二〇一七年七月に予定している東南アジアの現代アート展の準備で、昨年来、ASEAN（東南アジア諸国連合）地域の各地を訪問している。日本から見ると、「東南アジア」というひとつの地域をイメージしてしまうが、実際には政治的・経済的な理由で「インドの東、中国の南」とされた諸国の集合体で、それぞれの国の政治史や社会史には共有・固有の複雑さがある。そして、その背景は現代アートの理解とも無関係ではない。多くは第二次世界大戦後に植民地主義から脱した国々で、一九五五年に開催されたアジア・アフリカ会議

国際的には最も成功しているカンボジア人現代アーティストのひとり、ソピアップ・ピッチのスタジオ（プノンペン）

（通称バンドン会議）では、インド、インドネシア、中華人民共和国、エジプトの各首相や大統領を中心に、東西冷戦関係に属さない「第三世界」が確立されたこともよく知られている。

ASEAN設立は一九六七年で、来年は創設五〇周年にあたる【註1】。経済的にトップを走るシンガポールでは、二〇一五年一一月に待望のナショナル・ギャラリーが開館し、東南アジアの近現代美術を網羅的に紹介する地域の中心として、文化・芸術面でも新しい存在感を放っている。一方、カンボジア、ラオス、ベトナムなどインドシナ半島、メコン川流域にある国々は、一九世紀末にフランス領インドシナ、太平洋戦争末期の数年間は日本領となり、戦後は独立戦争、ベトナム戦争、内戦など不安定な状態が長く続き、その歴史の亡霊は未だに空気中を浮遊しているように思われる。

博物館に展示中の仏像群が祈りの対象にもなっている

本連載では、不可視の存在について考えてきたが、二〇一七年一月のプノンペン訪問では、戦争や内戦によって失われた歴史、記憶、生命を可視化し、次世代へ継承しようとする若いアーティストの動きが印象深かった。ASEAN一〇か国のなかで、一人当たりのGDPトップのシンガポールから、最下位のカンボジアへ移動したので、そのギャップも大きかった。首都プノンペンも郊外へ行けばすぐに自然のままの環境があり、もちろん国内にはアンコール・ワットに代表される仏教遺跡や秘境も多く残されているところだが、今回はこのカンボジアのネイチャー・センスを探ってみたい。

カンボジアの記憶を復元する人々

カンボジアは、国教としては上座部仏教国で、橙色の袈裟を来て托鉢をする修行僧とすれ違うことも珍しくない。寺院は教育の場でもあり、人生のさまざまな時点で短期間の出家をする場でもあるという。また、通り沿いや家の中など、あらゆる場所に小さな社があり、アニミズムや精霊信仰を含む多様な信仰が共存していることがわかる。

プノンペンにあるカンボジア国立博物館では、クメール王朝期（八〇二〜一四三一年）を中心に

国立カンボジア博物館の中庭。伝統的なクメール建築の屋根が太陽の光に映えている

S21トゥール・スレン虐殺犯罪博物館には、多くの観光客が訪れている

S21トゥール・スレン虐殺犯罪博物館の独房

ヒンドゥー美術、仏像彫刻などが、壁のない外気と同じ環境の空間に展示されていた。いくつかの仏像の前には蓮の花や奉納金が供えられ、祈祷のための敷物が置かれている場所もある。近代の美術館や博物館では、祈りの対象あるいは神々との媒介としてのオブジェクトが、美術・工芸作品として研究や鑑賞の対象となるのが通常だが、ここではその転換が不完全なままの状態であるのが興味深い。実際、博物館内ではお供え用の花が売られ、占い師が手相を読んでいた。

　一方、人類史上でも最悪の独裁者のひとり、ポル・ポトによるクメール・ルージュの記憶は、S21トゥール・スレン虐殺犯罪博物館に濃厚に残されている。もともと高等学校だった場所が知識人、公務員などの強制収容所となり、拘束、拷問、処刑などが行われた。独房だった部屋、収容所に入所した際の顔写真、山積みにされた骸骨などが生々しく展示されている。実際にその空間や地面に身を置くことで、その地面に染み込んだ無数の無念や亡霊の気配が今なお伝わってくるような体験だった。

ヴァンディ・ラッタナの《爆弾池》

　こうした歴史の亡霊は、普段目にしている自然の風景からも蘇ってくる。例えば、写真や映像で表現をするアーティスト、ヴァンディ・ラッタナ（一九八〇年生まれ）の「爆弾の池」シリーズは象徴的だ。カンボジアを独立に導いた国王ノロドム・シハヌークをクーデターで倒したロン・ノル政権時代、反政府勢力のクメール・ルージュが勢い

S21トゥール・スレンに拘束された人々の写真

プノンペン市内の寺院で
出会った出家中の少年

ヴァンディ・ラッタナ《コンポントム》「爆弾池」シリーズより、2009年

ヴァンディ・ラッタナ《タケオ》「爆弾池」シリーズより、2009年

を増し、それに対してアメリカ軍のカンボジア空爆が一九六八年から始まった。二七〇万発とも言われる爆弾が投下され、数十万人の農民が犠牲になったとされているが、空爆は農村部に数メートルの深さの穴をあけ、それらは多くが未だに田畑や湿地に池のようになって残っている。池といっても長らく水分は有毒だった。

ヴァンディが敢えて無感情に、あるいは観測的にそうした風景を撮影した「爆弾の池」シリーズには、家族や親しい人々を失った生存者が、内に秘めて言葉にしない感情が、封じ込められているようにも見える。彼は最初に風景のなかに大きなクレーターを発見したとき、それが何であるかを知らなかった。それが空爆の傷跡であることを知り、自国の歴史を知らなかった自分が亡霊に取りつかれたようだったという。その歴史を直視することを決め、空爆に関する調査を実施。当時を記憶している農民たちにインタヴューした映像作品もあわせて制作した。

リム・ソクチャンリナの《国道5号線》

日本との関係で興味深いのが、産業化や開発の進むカンボジア郊外の風景を捉えたリム・ソクチャンリナ（一九八七年生まれ）の、《国道5号線》のシリーズだ。この国道5号線は、カンボジアとタイを繋ぐ基幹道路で、中国から二〇一三年以降に支援を引き継いだ日本のODA事業として、カンボジア第二の都市バッタンバンとタイとの国境に近いシソポンの間の改修事業が進められている。アーティストが着目したのは、道路の拡幅に伴って移動を迫られた沿線の住宅だ。拡幅部分に掛かる住宅を各自で切断するような指示が政府からあったという。

リムは、半分に切られて内部の構造が丸見えになった住宅の写真を、ヴァンディ・ラッタナの《爆弾の池》のように、あるいはドイツ現代写真の一時代を築いたベッヒャー・スクールのように、一定のフォーマットに従って類型学的に撮影した。

リム・ソクチャンリナ《国道5号線》2015年

ソピアップ・ピッチのスタジオで。竹やラタンなど素材の特性を生かした軽やかな造形

画面手前には国道が迫っているものもあり、国際支援事業としてのインフラ整備という善意と、その背景にある個人の生活への影響という差異や距離感がどこかユーモラスに浮き彫りにされている。

ソピアップ・ピッチの竹の彫刻

一方、ベトナム戦争をリアルタイムに経験している世代では、海外に移住した者も少なくない。現在、おそらく国際的に最も成功しているカンボジア人現代アーティストのひとり、ソピアップ・ピッチ（一九七一年生まれ）も、クメール・ルージュ末期に難民として渡米した。ただし、母国の記憶との再接続を求めて二〇〇二年にカンボジアに帰国。もともと絵画を制作していたが、カンボジアの自然に改めて触れて、そこに表現の原点を見出した。二〇〇四年以降、自然界にある有機的な形をもとに、プノンペン近郊の竹やラタンなどカンボジア伝統の工芸素材や技術を採用した彫刻を制作している。素材を細く裂き、油で煮てから乾燥させ、丹念に編み込む制作工程は時間のかかるものだが、素材の柔軟かつ強固な特性を活かしながらの造形は、彼にとっては幼少期の記憶を編んで可視化しようとする作業なのかもしれない。

スヴァイ・サレスのパフォーマンス

一方、アンコール・ワット遺跡のあるシェムリアップを拠点にするスヴァイ・サレス（1972年生まれ）は、映像・パフォーマンス作品《行動を起こす》で、その政治的立ち位置に警鐘を鳴らしている。一時間を超えるこの映像作品は、サレス本人が針を使ってアンコール・ワットまでの道を測るような、もしくは縫うようなアクションを淡々と続けるものだ。

ベトナム戦争時、国外から人々がアンコール・ワットにも入ってきた。また、観光地としてのアンコール・ワットはベトナムの会社にしばらく管理経営が任されていた。サレスはそうした状態を、米の袋を破って入って害虫が入り、その袋を縫合する行為になぞらえて、針を使ったパフォーマンスを実施したのだ。実際、昨年になってアンコール・ワットはカンボジア政府が直接運営する体制に戻っている。

ボパナ視聴覚資料センター

クメール・ルージュは、カンボジアの風景に傷跡を残しただけでなく、多くの歴史的、文化的な資料を喪失させた。これは人々にとっては記憶の喪失、歴史の喪失でもあり、この失われた時間を少しでも取り戻し、次世代へ継承しようとする心理が、若い世代のなかで働いているように思われる。プノンペンにあるボパナ視聴覚資料センター【註2】では、世界中に散逸したカンボジアに関する映像、写真、音源などを二〇〇六年から収集し、無料で一般公開している。映画監督のリティ・パニュによって創設され、現在、ビデオ素材は七〇〇時間近く集まっているそうだが、現在も国内外から資料を集め、データベース化している。

　ボパナという施設名は、クメール・ルージュ時代にS21刑務所で拷問の末に二五歳で命を絶たれた女性の名前で、リティ・パニュの映画「ボファナ、カンボジアの悲劇」に由来している。ここでは広報を日本人の荒井和美さんが担当しており、日本からの支援も求めているそうだ。データベースは日本関連でいえば、一九四一年に日本軍がカンボジアなど南部仏領インドシナに進駐した際のニュース映像なども見ることができる。「先進国では、アーカイブは商業目的だと思われるが、カンボジアでは、失われた記憶やアイデンティティを再構築する作業なのです」という彼らの言葉が印象的だった。

ヴァン・モリヴァンの建築

　失われた時間や人々の生活を少しでも次世代へ継承したいという姿勢は、プノンペンという都市の建築的な歴史に関しても意識させられた。調査に同行していた東南アジアのキュレーターが、シハヌーク時代のカンボジアを訪問したシンガポール建国の父リー・クアンユーが、「シンガポールをいつかプノンペンのようにしたい」と言っていたと教えてくれた。実際、一九五三年に仏領インドシナから独立したカンボジア。首都プノンペンは、六〇年代までは東洋のパリとも呼ばれる美しい街並みを残していたというが、独立以前の建築物、シハヌーク時代の建築物などが、状態こそ整備されていないものの、その面影を今日に伝えている。

　一九三七年にフランス人の建築家によって設計

ヴァン・モリヴァンが設計した国立競技場。1964年竣工のモダニズム建築はプノンペン市内でも異彩を放つ

採光と自然空調を考慮し、素材の特性を活かした室内競技場

されたプノンペン中央市場は、いまなお現役のマーケットで、ドーム型の中心部から四方にウイングが伸びたアール・デコ調の建物だ。建物の周囲まで夥しい数の商店が軒を並べ、金銀の宝飾品から雑貨や花など日用品まで物で溢れている。幾何学的な模様の窓格子からは、外光が入り込み、人々の日常の喧騒を明るく照らしているようにも見えた。

また、フランスで建築を学んだヴァン・モリヴァン（一九二六年生まれ）は、一九五三年から七〇年にかけて、シハヌーク政権のもとで「新クメール建築（ニュー・クメール・アーキテクチャー）」と呼ばれる新しい動向を牽引した人物だ。一九四〇年代のパリで法学を学んだ後、エコール・デ・ボザールで建築を学び、一九五六年に帰国。早速、シハヌークから公共建築事業の責任者に指名され、その後一三年間に一〇〇件以上のプロジェクトを率いている。実際に会ったことはないそうだが、ル・コルビュジエを心の師として慕い、また西洋モダニズムと独自文化の融合という点で丹下健三も尊敬していたという。

二〇〇八年にはモリヴァンの代表作でもある国立劇場と文化省の建物が取り壊されたが、それよりも前に、一九七〇年のクーデター後にモリヴァンが国を追われて渡欧してから、彼が関わった公共事業に関する資料のほぼ全てが失われたという。

開発による取り壊しや老朽化が急速に進むヴァン・モリヴァン建築を記録するため、二〇〇九年にカナダ人の建築家を中心に「ザ・ヴァン・モリヴァン・プロジェクト」【註3】が立ち上げられた。カンボジアの若い建築家も加わって、図面等の資料が全く残されていないものについては、現存の建物を実測しながらアーカイブ化を進めている。

国立競技場の屋外プール。背景には開発の進む都市。

実際モリヴァンは、国立競技場、国立劇場、文化省、チャクトマック会議場など主要な建築に関わっているが、今回の訪問では、国立競技場と外国語大学を訪問することができた。国立競技場は、一九六四年設立。東京オリンピックと同じ年に建てられたこの競技場は、実際には一九六六年のアジアＧＡＮＥＦＯ（新興国競技大会）【註4】に際し、そのメイン競技場として使われている。屋内競技場は、座席下の通気口が外から空気や光を招き入れる美しいものだ。西洋モダニズムの考え方に、カンボジア的なライフスタイルを融合させ、コンクリート、アルミニウム、木材など、素材がそのまま生かされるように考案されたという。五万人収容可能の屋外競技場は、現在も音楽コンサートなどに使われ、屋外プールと飛込み台も低料金で市民に開放されている。もともとは周囲を池が囲んでいたそうだが、訪問時には建設中の高級集合住宅に取り囲まれていた。また、大きなひさしが作る日陰の観客席では、サラリーマン風の人が読

「新クメール建築ツアー」を運営するペン・セリバグナ

国立競技場の屋外競技場。50,000人を収容し、現在はコンサートなどにも使われる

書をしたり、女子高生が集まってしゃべっていたり、開発によってパブリック・スペースが失われているというプノンペンで、モリヴァンが望んだとおり、人々のためのデモクラティックな空間として機能しているのかもしれない。

また、一九六〇年当初は王立プノンペン大学として設立された外国語インスティテュートは、高床構造になっている複数の建物が二階部分の橋で繋がれ、さまざまな視点から建築を眺めることができる。別棟の図書館だけは空調機が備えられているが、それ以外は天井、壁面などの設計によって空気の流れと採光への配慮がなされている。いずれも、雨季と乾季のあるカンボジアの熱帯モンスーン気候を考慮したモダニズム建築ということなのだろう。

案内してくれたのは「新クメール建築ツアー」【註5】を実施しているグループのひとりで、「ザ・ヴァン・モリヴァン・プロジェクト」のプロジェクト・マネージャーでもあるペン・セリバグナ（一九八九年生まれ）。クメール・ルージュを生き残った建築物のなかを歩いていると、カンボジアが新しい国家として輝かしく成長していた時期の亡霊が蘇ってくるのだが、いまを生きる若い世代もまた、経済的には成長の続くこの国でどのような未来を迎えるのかを、歴史を通して見据えているのだろう。

「ホワイト・ビルディング：アート・アーカイブ＆ライブラリー」オフィス壁面の展示より

低所得者住宅での
アート・プロジェクト

もうひとつの興味深いプロジェクトに、「ホワイト・ビルディング」と呼ばれている低家賃集合住宅がある。一九六四年、二四ヘクタールの土地に、長さ三〇〇メートルにわたって四六八戸の集合住宅が建てられ、当時は公務員、教員、近くにあった国立劇場のスタッフ、多くのアーティストなどが入居した。

六つのブロックは屋外階段で繋がれている。建築当初、これが真っ白の新しい集合住宅として建てられた写真を見ると、どこかル・コルビュジエがマルセイユなどに建てたユニテ・ダビタシオンが想起されたが、一九七五年のプノンペン陥落以降、市民が強制退去させられた際、ホワイト・ビルディングも抜け殻になった。現在では、街に人々が戻った際に住み始めた低所得者層の人々の住居として、周囲も小規模店舗や屋台で埋め尽くされている。環境は必ずしも良いとは言えず、半ばスラム状態になっている。

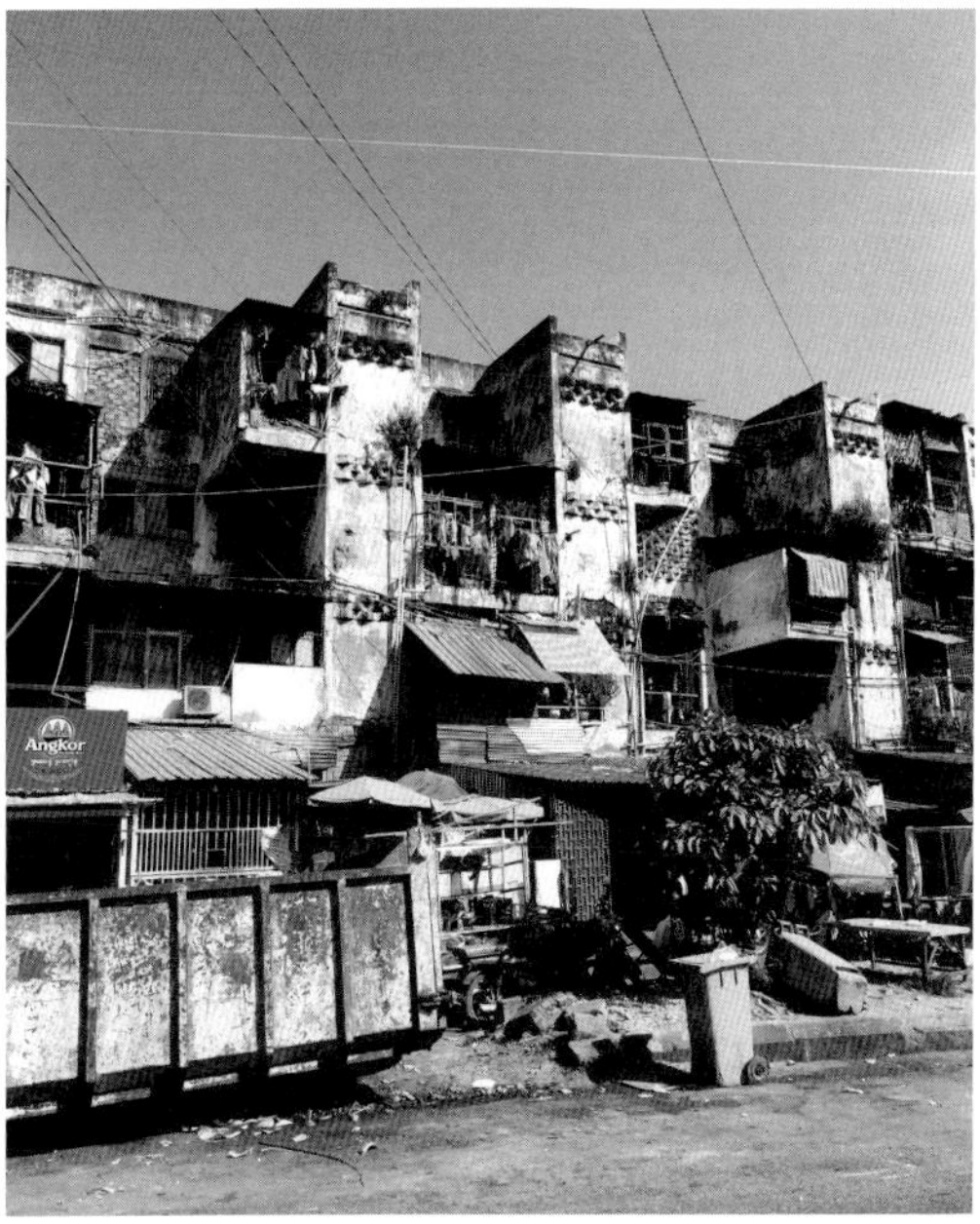

現在のホワイト・ビルディングの外観

カンボジアの熱帯モンスーン気候に配慮した高床式構造

ヴァン・モリヴァン設計の外国語大学。ここでも自然の採光と空調が意識され、複数の棟が2階のブリッジで繋がっている

独立した図書館棟は廊下の採光も美しい。ブリッジから見下せる池の周りには学生が集う

こうしたホワイト・ビルディングの歴史を建築的観点から、あるいはコミュニティという視点からアーカイブしようとしているプロジェクトが、「ホワイト・ビルディング：アート・アーカイブ&ライブラリー」【註6】。プノンペンの現代アート・プロジェクトとしては最も国際的にネットワークのある「Sa Sa Art Projects」のひとつとして、二〇一四年から進行中のものだ。彼らのオフィスもホワイト・ビルディングの一室にあり、アーカイブの他にアーティスト・イン・レジデンスなども行っている。われわれの訪問に対応してくれたのは、アーティストのヴース・リノ（一九八二年生まれ）で、関連写真の収集から、低所得者層のコミュニティで生まれ育った人々へのインタヴュー、ドキュメンタリー映像の制作など、さまざまな方法で変わっていく街や忘却・喪失される記憶をアーカイブに留めようとしている。オンラインで見られる写真や映像には、この住宅で暮らすそれぞれの人生がおさめられている。

文化的にはクメール王朝時代に発展した数多くの歴史的遺産を持ちながら、戦後の独立以降、何十年も続いた困難な時代を経て、カンボジアには、目に見えないさまざまなものが存在している。それでもなお、熱帯モンスーン気候の開放的な空気のなかで、人々はそれぞれの人生を生きている。

ホワイト・ビルディングの歴史を説明するヴース・リノ

レジデンス用の一部屋。ベランダから心地よい風が入る

街のあちこちで見られた小さな神棚が、ホワイト・ビルディングの廊下にも

ホワイト・ビルディングの6棟を繋ぐ屋外階段。1階部分には商店がひしめき、上層階の住宅部分では洗濯物が干され、日常があふれ出していた

ホワイト・ビルディングにも小さな祠に先祖や神々が祀られていたし、国立博物館でも人々は仏像を拝んでいた。失われた多くの人々の命、街の記憶を、丹念に集め、伝えようとする人々もいた。食文化からも、政治的な歴史とは裏腹に、カンボジアの人々がベトナムやタイと繋がっていることも明らかに見えてくるし、その洗練された味覚にもフランス領時代の歴史を感じざるをえない。

負の歴史という印象が優先されがちなカンボジアで、どこか美しい亡霊にも、ネイチャー・センスを刺激された旅だった。

かたおか・まみ

森美術館チーフ・キュレーター。東京オペラシティアートギャラリーを経て、2003年より森美術館勤務。2007〜09年はヘイワード・ギャラリー（ロンドン）のインターナショナル・キュレーターを兼務。「第9回光州ビエンナーレ」(2012) 共同アーティスティック・ディレクター。「感覚の解放」展（1999)、「アジアのファントム」展（2012、サンフランシスコ・アジア美術館）など体感的な知覚をとおした現代美術展の企画多数。CIMAM（国際美術館会議）理事。

註

1 当初はインドネシア、タイ、マレーシア、フィリピン、シンガポールの五カ国で発足。1984年にブルネイ、1995年にベトナム、1997年にミャンマー、ラオス、1999年にカンボジアが加盟した。

2 http://bophana.org

3 http://www.vannmolyvannproject.org

4 The Games of the New Emerging Forcesから派生したアジア版の競技大会。

5 http://www.ka-tours.org

6 White Building: Art Archive and Library
http://www.whitebuilding.org

BIOCITY

ビオシティ　季刊（年4回発行）B5判・128頁
単価2,700円（税込）／年間購読料 10,000円（税込）

環境から地域創造を考える総合雑誌

購読のごあんない

◇ 年間定期購読料は、1年(4冊)10,000円、2年(8冊)20,000円です。(送料含・税込)
◇ 単号注文、バックナンバー注文も承っております。1冊2,700円(送料含・税込)

ご注文は書店、または下記編集部宛にお申し込みいただけます。
TEL　03-6806-0458（株式会社ブックエンド）
FAX　03-6806-0459（株式会社ブックエンド）
WEB　http://www.bookend.co.jp/

1995/ no.6

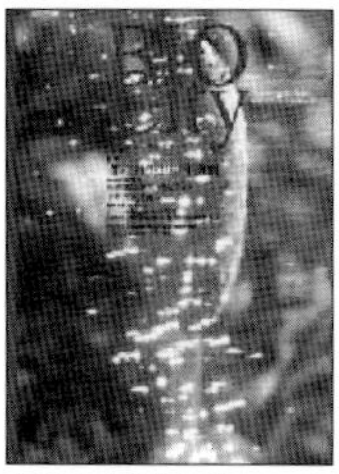

都市再生一〇〇年計画
バンダーリンのエコロジカル・デザイン

座談会「都市再生」：これから100年で何ができるか／下町再生計画・東京都環境共生住宅／環境ビジネスの現状と将来展望／ドイツ・ルール地域北部の広域環境再生実験

1996/ no.7

産業システムの変革
「ペイザージュ」の思想　ルシアン・クロル

21世紀の持続可能なモノづくり／グンター・パウリ「ゼロ・エミッション」の挑戦／アーコサンティ／市民参加の公園づくり／ドイツ環境教育施設／詩人の都市論・田村隆一

1996/ no.8

生態回廊都市
マクハーグのエコロジカル・プランニング

「帯広」生態回廊都市へ／座談会・日本の国土利用と生態回廊へのアプローチ／生きものの代理人が語る都市の川／フリッチョフ・カプラ「生命の網」と「エコ・リテラシー」

1996/ no.9

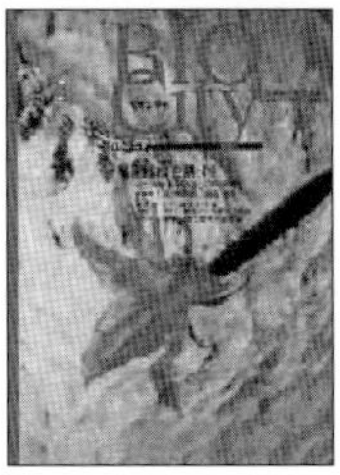

都市を耕す
ルーラル・ランドスケープからの展開

座談会「農が救う、農を救う」21世紀の日本の農を考える／ドイツ・クラインガルテンの新しい流れ／アメリカ・農業法に見る環境保全／都市と人間のための音環境

1997/ no.10

楽しい「環境教育」
持続可能な社会をめざした教育

地域を再生する川づくり／「子供と自然」がキーワードの自然学校／環境教育施設レポート／マンハッタン子どもミュージアム／南フランス・熱帯魚が泳ぐ汚水処理施設

1997/ no.11

循環への企画書
エコロジカルな建築への道
ドイツ最新建築地域づくり

持続可能な島づくり：久米島・屋久島・宮古島・八丈島／自然エネルギーを通販で普及「リアル・グッズ商会」／フライブルグのエコ研究所／グラウンドワークの実践

1997/ no.12

住居のエコロジカル・デザイン
地球環境時代の建築と住まい

コルビュジェの屋上庭園構想／自然にさからわない建築・チベット／座談会・日本の住まいの新世紀「環境共生住宅」／シム・ヴァンダーリン来日講演会／ミンケの「粘土住宅」

1998/ no.13

「ビオトープ」からの創造
ドイツ・バイエルン州のビオトープ図化

座談会・生態学と土木工学の融合／中国・マイポ湿地／デンマークのエコビレッジ／対談・行財政改革で環境はどうなるか／「ミジンコとコルトレーン」坂田明インタビュー

1998/ no.14

環境時代のテーマパーク
テーマパーク型住宅地
アメリカ西海岸「アーバイン・ランチ」

アグリスケープ／ハウステンボスという選択／ハドソン川での実践「リバーキーパー」／レスター・R・ブラウン「だれが都市を養うのか」／コロンビア・竹の建築

1999/ no.15

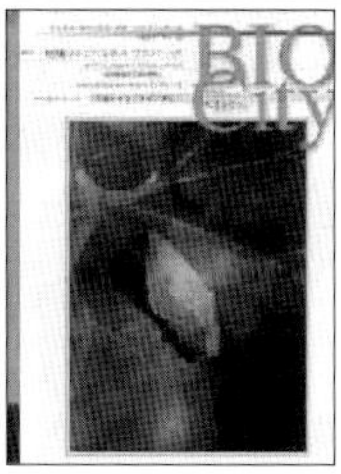

地域のエコロジカル・プランニング
北欧諸国の「緑の開発」

東日本「東日本水回廊計画」・北海道「新田園都市構想」ほか／南米の環境都市クリチバ／対談「鎮守の森」からの地域プランニング／インタビュー「樹医」の世界

1999/ no.16

祟りと御利益のエコロジー
聖なるランドスケープと希望の幾何学
ヴァンダーリン

日本の景観「ふるさとの原型」からのプランニング／環境民俗学への誘い／遠野のまちづくり／新潟・大川のエコシステム／京都の町屋再生／大学都市ルーバン・ラ・ヌーヴ

1999/ no.17

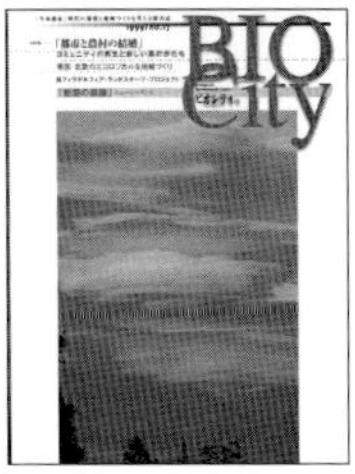

都市と農村の結婚
コミュニティの再生と新しい農のかたち

英国・北欧のエコロジカルな地域づくり最前線／座談会「新しい農のカタチが地域と環境を変える」／魅惑の農園・ニュージーランド／「ドーム・ビレッジ」物語

2000/ no.18

環境教育の「場と物語」
スウェーデン2021年物語

対談 CW ニコル×阿部 治／ドイツと日本の学校ビオトープ／環境教育の場としての国営公園／デンマーク・サムソー島：エコミュージアムの島

2000/ no.19

海のビジュアル・エコロジー
カリフォルニア海岸線と海岸法の美学

オランダの持続可能な海岸開発／ニュージーランド「オタマチア・エコビレッジ」のつくりかた／市民社会への契機としての愛知万博

2001/ no.20

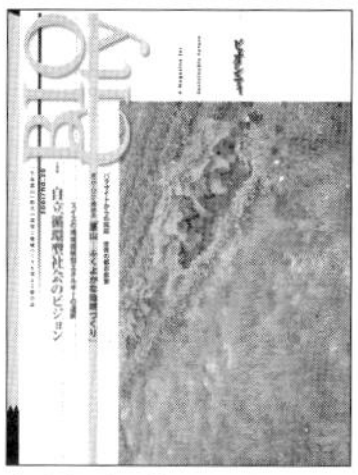

自立循環型社会のビジョン
スイス 循環型エネルギーの選択

座談会「日本エコビレッジデザイン」のよりどころ／都市を耕せ!! 世界の都市農業／農とアートの「農園都市」／モンゴル 遊牧と都会のあいだを彷徨う人々

2001/ no.21

食べられる街づくり
再生研究センターからディズニーランドまで（故ライル教授が遺した夢）

ロサンゼルス「エコビレッジ」とデイビス「Nストリート」／スウェーデンのエココミューン／伊達政宗の「食べられる地域づくり」政策／イギリスとオーストラリアの食べられる公園

2001/ no.22

地球デザインアートと新しい生態学
エデン・プロジェクト

フラーにはじまるエコロジカルデザインの系譜／エムシャーパーク計画と「未来の生態都市」／ドイツの環境教育――森の幼稚園／ZERIのサステナブル教育

2002/ no.23

世界のエコロジカルデザイン
キューバ、インド、イギリス、韓国、オランダ、中国

カストロのめざす持続可能な社会づくり／ガンジーの心と思想が生きる村／東アジアの風水探源「気と脈の自然観」／シュタイナーのランドスケープと建築／蛇行河川や湿地の復元

2002/ no.24

生命潮流としてのランドスケープ
スイスのランドスケープ・コンセプト

対談「経済学とランドスケープの原風景／イタリア・トスカーナ地方のルーラル・ランドスケープ／農景観の回復と超高層スカイライン・ランドスケープ／EDAWのプロジェクト

2003/ no.25

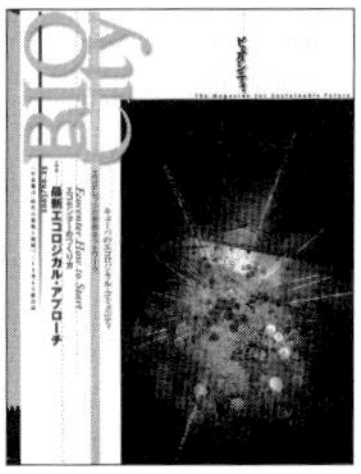

最新エコロジカル・アプローチ
エコセンターのつくりかた

スイス・ベルン州の水系再自然化基金／アメリカ西海岸ミミズ農法事情／キューバ、エコロジカル・コミュニティへの道／台湾の都会公園

2003/ no.26

持続可能なヒューマン・エコデザイン
スウェーデンのグリーン事業

スイス、人と自然の共生モデル：リュティフーベルバード／座談会「わらの家」の未来／ネパールのパーマカルチャー農場・リゾート／生物に寄る汚水浄化システム「リビングマシーン」

2004/ no.27

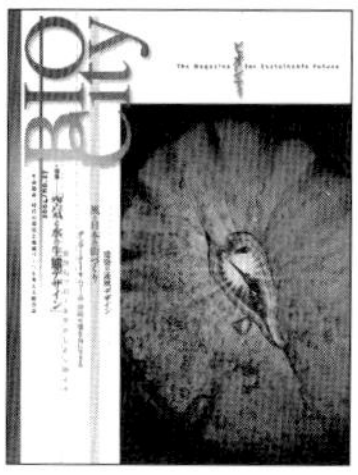

空気と水の生態デザイン
風と日本の街づくり

スイス・ベルン州の水系再自然化基金／アメリカ西海岸ミミズ農法事情／キューバ、エコロジカル・コミュニティへの道／台湾の都会公園

2004/ no.28

場所の建物・生態デザイン
場所の力と特性を生かした自律の生態デザイン

アンダルシアとカナリア諸島での取り組み／フィンドホーンのエコビレッジ・プロジェクト／英国CATのエコディフィ・プロジェクト／オーストラリア・マレーニー町での実践

2004/ no.29

都市のなかのビレッジ&オアシス
水と緑からの都市再生

ZERIの10年とビオシティの創造／ミケーレ・デ・ルッキと考える「小舟木エコ村」デザイン／「農」のあるまちづくり埼玉県／ヨルダンのパーマカルチャー

2005/ no.30

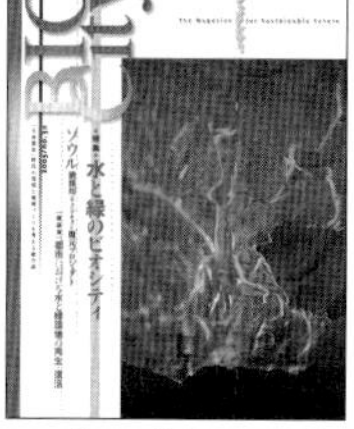

水と緑のビオシティ
ソウル・清渓川復元プロジェクト

ロンドン・グリーンベルト計画の未来／企業敷地を自然公園に！スイス、自然と経済基金の取り組み／ボルダーのグリーンベルトと環境デザイン

2005/ no.31

サステナブルな災害デザイン
山古志村、豊かな山間地を自然地理学から見る

座談会「最新鋭と最素朴のコンビネーションが実現する創造的復旧」／台湾の自然を活かし共生をめざす復興村おこし／復興プロセスに学ぶ：阪神淡路大震災10年間の調査をもとに

2005/ no.32

子ども勝手の環境づくり
自然に近い遊び場／スイス

ドイツ、子どもが運営する遊び都市「ミニ・ミュンヘン」／米国のチルドレンズガーデン&キッズファーム／ドイツ、遊び場としての農園「シティファーム」／「エコミュージアム」活動と子どもたち

2006/ no.33

持続可能なスカンジナビア
100%自然エネルギーの島
デンマーク「エーロ島」

スウェーデン、週に半日学校林で学ぶ小学校／認知症高齢者のためのセラピー公園「ガーデン・オブ・センス」／2030年、自然と共生する滋賀の将来像

2006/ no.34

環境教育の新しいフレームワーク
持続可能な社会をめざす環境教育／ESD

スイス「環境教育の未来報告書」／ドイツの環境教育を体験した高校生たち／イギリス未来型環境教育植物園「エデン プロジェクト」

2006/ no.35

癒される環境への生態デザイン
海と大地のメイクアップ ドイツ・ランゲオーク島

千葉大学の環境と健康のデザイン：ケミレスタウン・プロジェクト／安曇野の自然を生かしたホリスティックヘルスセンター「穂高養生園」／袋田病院精神科デイケア「ホロス」の空間つくり

2007/ no.36

コンパクトBIOシティ
持続可能なコンパクト・シティ

〈しま〉都市へ。生命都市へ。アンビルドとセルフビルドの出会いから／スペイン、ビルバオ遊歩都市への再生／英国の都市再生「シティ・リージョン」

2007/ no.37

持続可能な沖縄・島づくり
持続可能な沖縄の島づくり

"美ら島沖縄" 風景づくりのためのガイドラインと展望／やんばるの森の再生：3人の「新しい」生態学的"プロジェクトX"／石垣島白保コミュニティの挑戦／沖縄のバイオマスが熱い！

2008/ no.38

生物多様性入門
生物多様性からのアプローチ

生物多様性とは何か？／生物多様性の持続的利用／生物多様性条約入門／絶滅危惧種に関するIUCNレッドリスト2007／豊岡市 コウノトリが変えた市の政策・環境経済戦略

2008/ no.39

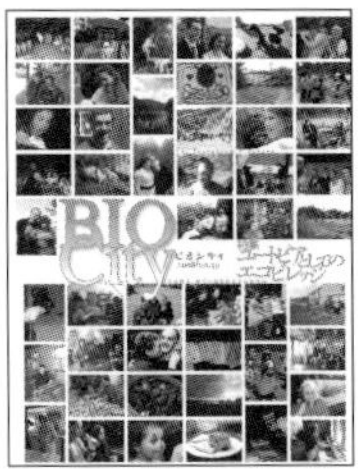

ユートピアとしてのエコビレッジ
「エコビレッジ」探訪

シュタイナーの共同体をめぐって／キャンプヒル・ビレッジ キンバートン・ヒルズ／欧州エコビレッジ探訪／エデン・プロジェクトの次期構想／子どもたちがつくるドイツのエコスクール

2008/ no.40

日本の自然（日本人の自然観）とデザイン
風土・生物多様性・風景と日本の「生き物文化」

里山のコンセプトを地球のサステナビリティのために生かそう／「山川草木悉皆成仏」日本人の自然観・宗教観／日本人と海：循環再生型の海水資源利用貢献への期待

2008/ no.41

安心（生きていける・食べていける）都市
さまざまな立場から「安心都市」をアプローチする

北米の戸建住宅地における「開いた防犯」／都市での田園ムラづくり「アーバンビレッジ」／安心のランドスケープのゆくえ／里地づくり・農を楽しむ住宅づくり

2009/ no.42

NEWバイオリージョン
場所の感覚を取り戻す低炭素社会のデザイン

日本のバイオリージョン・流域の環境容量／トキをシンボルとしたバイオリージョンの試み／バイオリージョンGIS／丹沢ランドスケープ／「棚田」日本のバイオリージョン

2009/ no.43

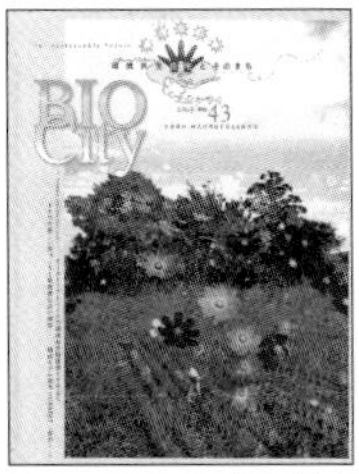

環境共生住宅とそのまち
オーストリアとスイスの環境共生住宅 ドイツの低燃費社会の構築

IBAエムシャーパーク再訪／ランドスケープデザインのビジネス領域を書き換える／ハイデルベルク市の再生環境住宅開発／韓国サンノウル・エコビレッジとムンダン村の農村再生

2010/ no.44

第五の生態文化革命
低炭素社会への道／生物多様性の地平に

「第五の生態文化革命」／生態文化のかたち・空間構成：地域の自然・風土・文化に根ざした住まいと集落／瀬戸内海のエコロジカルプランニング／山岳密教の霊場、戸隠信仰の自然と歴史

2010/ no.45

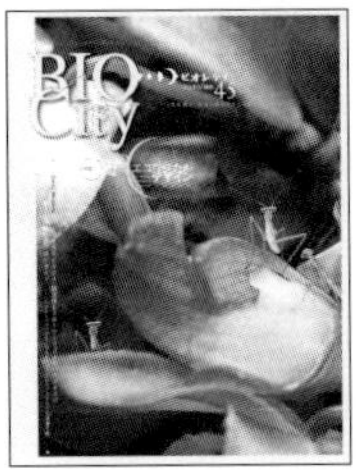

遊びのエコロジカルデザイン
子ども目線の遊び場デザイン

柳の建築／されど「砂遊び」／現代の田遊びDASH村／廃材天国／岐阜県加子母「もりのいえ」

2010/ no.46

民話と生きものの住まう環境づくり
多様性豊かな社会のあり方、地域デザイン

自然の聖地と生物多様性／巨石パークへの企画書／神話にもとづき動物とかかわる家／景観価値を理解し伝えるための視覚的技術／トキの島から生物・文化多様性の島へ「佐渡」

2011/ no.47

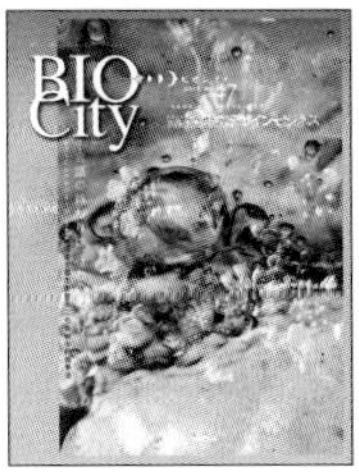

実践・生物多様性 そのデザイン・ビジネス
生態的にデザインされた庭園の原型

ユネスコ世界遺産ドイツ「イルム庭園」／ポストCOP10のまちづくり「健康な都市生態系」への挑戦と評価手法／生物多様性都市のデザイン「いきものにぎわうまち」への取り組み

2011/ no.48

リニューアル創刊号 大震災像と復興再生シナリオ

「座談会」赤坂憲雄＋内山節＋広井良典＋糸長浩司／福島原発で何が起こったのか／飯舘村の被害と避難ドキュメント／海外からの復興提案 サルボダヤ（スリランカ）、サムソー島（デンマーク）他

2011/ no.49

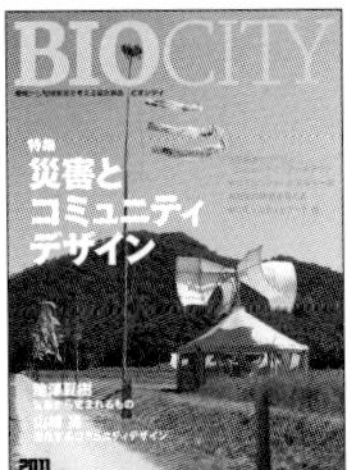

災害とコミュニティデザイン

池澤夏樹「災害から生まれるもの」／山崎亮「進化するコミュニティデザイン」／復興まちづくりとコミュニティ・アーキテクト／コミュニティ・エネルギー論／災害時建築を考える／震災とアート

2012/ no.53

ソーシャルデザインの最前線（アメリカ編）
山崎亮+studio-L企画（1）

Architecture for Humanity／Design Corps／DesignbuildBLUFF／The Canelo Project／Desgin that Matters／BaSiC Initiative／iDE／studio-L 西上ありさインタビュー／ドイツのエコホテル「ロービエ」／インドの少数民族サンタルの村

2012/ no.52

エッジ・デザイン
海岸線、山際を考える

宮脇昭「いのちを守る森の防潮堤」／アジアの水辺デザイン／砂浜海岸エコトーンの復興／サンゴ礁文化と地域再生／鳥獣との共生／歴史的港湾都市・尾道と鞆／田中優「未来をつくるエネルギー入門」

2012/ no.51

進化する動物園
自然と調和した社会をめざして

江戸家親子三代ドイツ動物園訪問記／震災復興と動物園／鼎談「21世紀の動物園をどうデザインするか」小宮輝之+村田浩一+江戸家猫八／ドイツ・オランダのエネルギー転換最前線／studio-L コミュニティデザインを語る

2012/ no.50

未来へつなぐ
レジリエンス・デザイン

内山節「コミュニティの回復」／広井良典「ポスト成長時代の幸福」／対談：池澤夏樹+畠山直哉／対談：田中利典+白洲信哉「吉野の山岳信仰」／氏本長一「祝島・反原発と持続性」／欧州のエネルギー自立運動

2014/ no.57

市民による市民の
ためのまちづくり
「ヒューマン・インフラ」の
思想とデザイン

戦略的まちづくりのひろがり／災害復興における地域力／思いやりのある交通デザイン／ネイチャー・プレイスケープの事例／まちを変えるアーティストたち／studio-L meets ARC／ビオホテル探訪：南ドイツ「エッゲンスベルガー」／現代総有論宣言！／ネイチャー・センス

2013/ no.56

地球にちょうどいい
生きかたへの指標
エコロジカル・フットプリント入門

持続可能性の指標でみる日本の未来／エコフット開発の背景と意義／生物多様性と〈生きている地球指数〉／建物の環境負荷と有限の世界観／二酸化炭素本位制のすゝめ／診断クイズ「わたしの暮らしは地球何コ分？」／ビオホテル探訪：オーストリア「シュバイツァー」

2013/ no.55

次世代の
サインデザイン
防災とまちづくりの視点から

日本の時代背景とサインデザインの変遷／防災とサイン／ユニバーサルデザイン／デジタルサイネージ／ピクトグラムと防災図記号／ドイツ・ザクセン州の統一サイン／津波防災サインガイドライン／ビオホテル探訪：北イタリア「タイナースガルテン」

2013/ no.54

韓流エコアクション
建築・エネルギー・コミュニティ・
教育の最新事情

韓国の自然建築とエコアクション／サンノウル・エコビレッジ／潭陽昌平スローシティ／ソウル北村のエコハウス／地域エネルギーと適正技術／ソンミサン・マウル／エコヒーリング・スクール／代替エネルギー技術研究所／ビオホテル探訪：南ドイツ「アルターヴィルト」

2015/ no.61

防災・減災のための
エコロジカルデザイン

防災都市計画から減災まちづくりへ／生態系を基盤とした防災・減災に向けて／ハリケーン・サンディ復興戦略と海岸のレジリエンス／日本の海岸をめぐる自然観と環境変遷／MOOCの可能性／藤原行成直筆「九暦断簡」の発見／アルフレッド・ジャーとアートの根源

2014/ no.60

創刊20周年+60号記念特集
生命福祉コミュニティ宣言！
福祉の見える
まちづくり

福祉の見えるまちづくり展望／「まちの縁側」／「いるかビレッジ」／別府、温泉福祉都市／デンマークのDVシェルター／ドイツとブラジル、障害者のモビリティ／スウェーデンのセーフコミュニティ／プレイスメイキング／studio-Lと考える「生命福祉コミュニティ」

2014/ no.59

持続可能な未来の
ための人づくり
ESDと環境教育の10年

ユネスコとESDの10年／世界遺産と大人のESD（奈良）／東日本大震災復興とESD（気仙沼市）／安曇野パーマカルチャー塾／キープ協会の環境教育30年／環境省と森のようちえんで／子どもたちの里山復興（勝山市）／学校+企業のESD／ESDカレンダーで変わる学び

2014/ no.58

対馬モデルへ
域学連携の
エコアイランド構想

対馬から始まる日本の海洋保護区／ユネスコエコパークへの道／ツシマヤマネコの保護活動／域学連携と地域創造／対馬で循環型農業を営む／鼎談：「学びの共同体」をめざして／ビオホテル探訪：協同組合式エコホテル「ウリクヴァ」スイス／田園都市の成立／落語と動物園

2016/ no.65

健康寿命を中心に
すえたまちづくり
生命福祉コミュニティ宣言！2

［特集］医療とは何か まちづくりの中心として／地域ぐるみのがん予防／海堂尊+今村聡 対談「医療防衛」／沖縄の小学校の食育／公益資本主義と健康経営／ロコモと運動／メディカフェ／健康寿命を延ばす生命食／プライマリ・ヘルスケア／［連載］ニホンザルと日本人ほか

2015/ no.64

コミュニティデザインの
源流を訪ねて
studio-Lの英国回覧実記

［特集］コニストン村とラスキン博物館／トインビーホールとハムステッド田園郊外／ピッチングカムデン村の手工芸ギルド／労働者大学／マギーズセンター／トッドモーデン／ロッチデール・サークル［連載］妖怪とメディアアート／若林奮の「庭」ほか

2015/ no.63

消えた熱帯林と
プランテーション
持続可能な私たちの暮らしと
企業の調達

［特集］インドネシアの森林破壊と日本との関係／持続可能な発展をリードする倫理的消費／責任ある原材料調達／暮らしのなかの環境問題／企業7社の実践［連載］藤原行成の「書状」／農村の新たな土地活用 新海モデル／ネイチャー・センス「砂漠と庭」ほか

2015/ no.62

再生可能エネルギーを
活かした地域創造へ
志×ビジネス

［特集］再エネ事業で地方創生を実現／わたしたち電力／ファイナス可能な地域事業へ／宝塚市の市民発電所と再エネ条例／世界の再エネ／グリーンパワーな生活へ／再エネ普及へのデザイン貢献［連載］宮沢賢治と田園都市／農業と観光をエコに、欧州ビオホテル協会ほか

BIOCITY 67号［2016年7月発行予定］予告

本号では、COP21で採択された地球温暖化防止のための「パリ協約」をうけ、世界が注目するブラジルのバイオエネルギー戦略とそれを可能にする森林農業の最新動向、そして日本人との深い関わりを紹介しました。次号では、東日本大震災5周年特集の第一弾として、女性やジェンダーの視点からみた復興を取り上げます。

特集

東日本大震災5周年特集
女性と描く復興とこれからの地域社会（仮題）

監修：萩原なつ子＋日本NPOセンター

東日本大震災以来、日本の防災・復興関係の法律や制度、政策に女性をはじめ、障害者、高齢者、外国人などの視点を採り入れるための活動が展開してきた。また、被災地の男女共同参画センターや女性のNPO/NGOが同時多発的に運動を繰り広げ、成果を上げている。国際的にも「災害リスク削減（DRR）」にはジェンダー主流化が組み込まれる。次号では、東日本大震災直後から現地に入り、支援活動に関わってきたメンバーが中心となって、女性やジェンダーの視点から、災害・防災・復興とこれからの地域社会を考える。

貴重論文「災害とジェンダー：女性とは何か」
萩原なつ子（立教大学大学院教授、日本NOPセンター副代表理事）

「女性が直面する課題：震災から復興期」
石本めぐみ（特定非営利活動法人ウイメンズアイ代表理事）

「震災復興からのまちづくり：阪神・淡路大震災から学んだこと」
清原桂子（神戸学院大学教授）

「男女共同参画の視点からの防災・復興の取り組み」
土井真知（内閣府男女共同参画局）

「被災女性の生活再建を支援するNPO」
萩原なつ子＋認定特定非営利活動法人日本NPOセンター

ほか　タイトルは仮題

連載

動物たちの文化誌　早川 篤
ヴィンテージ・アナログの世界
高荷洋一
江戸初期の三筆　恵美千鶴子
ネイチャー・センス　片岡真実
Art for Humanity　倉林 靖
コミュニティデザイン学科通信
出野紀子

ビオシティ編集部
〒101-0021
東京都千代田区外神田6丁目11-14
アーツ千代田3331 #300号
Tel. 03-6806-0458
Fax. 03-6806-0459
E-mail biocity@bookend.co.jp

定期購読のご案内
編集部宛または下記ホームページからもお申し込みいただけます。
http://www.bookend.co.jp/
http://www.facebook.com/biocity.jp

BIOCITY ビオシティ
季刊誌 2016年66号
2016年4月5日発行

監修
糸長浩司
（日本大学生物資源科学部教授）

編集アドバイザー
赤羽根弥生
鬼塚このみ
倉林 靖
出野紀子
戸矢晃一
西上ありさ
萩原なつ子
古田尚也

ブックデザイン
大悟法淳一
永瀬優子
武田理沙
（ごぼうデザイン事務所）

編集スタッフ
真下晶子

発行人
藤元由記子

発行所
株式会社ブックエンド
〒101-0021
東京都千代田区外神田6丁目 11-14
アーツ千代田3331 #300号
Tel. 03-6806-0458
Fax. 03-6806-0459

印刷・製本
シナノパブリッシングプレス

Printed in Japan
ISBN978-4-907083-33-5